Ulrich Schmid

GEHEIME SIGNALE

Ulrich Schmid

GEHEIME SIGNALE

Die spektakulären Sinne der Tiere

KOSMOS

Mit 67 Duplex-Illustrationen von Marianne Golte-Bechtle

Umschlaggestaltung von eStudio Calamar, Pau, unter Verwendung von zwei
Duplex-Illustrationen von Marianne Golte-Bechtle: Schleiereule *(Tyto alba)* und
Katzenhai *(Scyliorhinus* sp.) und drei Fotografien (oben: Schwammspinner
(Lymantria dispar) von Heiko Bellmann; Mitte: Große Hufeisennase *(Rhinolophus
ferrumequinum)* von Alfred Limbrunner; unten: Straßentaube *(Columba livia* f.
domestica) von Günther Stephan).

Bibliografische Information der Deutschen Bibliothek
Die Deutsche Bibliothek verzeichnet diese Publikation in der Deutschen
Nationalbibliografie; detaillierte bibliografische Daten sind im Internet
über http://dnb.ddb.de abrufbar.

Informationen senden wir Ihnen gerne zu

Bücher · Kalender · Spiele · Experimentierkästen · CDs · Videos
Natur · Garten & Zimmerpflanzen · Heimtiere · Pferde & Reiten · Astronomie ·
Angeln & Jagd · Eisenbahn & Nutzfahrzeuge · Kinder & Jugend

KOSMOS Postfach 10 60 11
D-70049 Stuttgart
TELEFON +49 (0)711-2191-0
FAX +49 (0)711-2191-422
WEB www.kosmos.de
E-MAIL info@kosmos.de

Gedruckt auf chlorfrei gebleichtem Papier

© 2004, Franckh-Kosmos Verlags-GmbH & Co., Stuttgart
Alle Rechte vorbehalten
ISBN 3-440-09567-3
Lektorat: Stefanie Tommes
Produktion: Doppelpunkt, Leonberg/Lilo Pabel
Grundlayout: nach eStudio Calamar
Printed in Czech Republic/Imprimé en République tchèque

Inhalt

Reizbar

Alles Lebendige reagiert auf seine Umwelt: Reizbarkeit, die Aufnahme und Verarbeitung von Außenreizen, gilt als eine der Grundeigenschaften des Lebens. Informationen aus der Umgebung helfen dabei, günstige Lebensbedingungen zu erkennen und (wenn man beweglich ist) gezielt aufzusuchen, Nahrung zu finden, Feinde zu vermeiden oder Beziehungen zu Artgenossen aufzunehmen. Das gilt für Bakterien und Einzeller ebenso wie für Pflanzen, Pilze und Tiere. Besonders offensichtlich ist es bei Letzteren: Hier folgen den Reizen häufig sehr schnelle und leicht zu deutende Reaktionen. Bei Pflanzen dagegen muss man sich oft etwas Zeit lassen (wenn man nicht gerade eine Mimose vor sich hat). Aber auch bei ihnen lassen sich klare Beziehungen zwischen Umweltreizen und Auswirkungen feststellen, wenn zum Beispiel eine im Dunkeln stehende Zimmerpflanze, überlange Triebe bildend, zum hellen Fenster strebt.

Um Reize aufzunehmen sind Messgeräte nötig, in der Zoologie als „Rezeptoren" bezeichnet. Diese Messgeräte sind gewöhnlich auf ganz bestimmte Reize spezialisierte „Eingänge" in den Körper: Sie sprechen auf Licht an, auf chemische Substanzen, auf Schwingungen oder die Schwerkraft, auf Wärme, Kälte oder Schmerz. Oft sind die Rezeptoren zu Sinnesorganen zusammengefasst, Augen, Ohren oder Nasen. Ihre Aufgabe erschöpft sich nicht in der Reizaufnahme, sondern schließt auch die „Übersetzung" in die Sprache eines der internen Kommunikationssysteme des Körpers, des Nervensystems, mit ein. Daran sind meist zahlreiche zum Teil sehr komplizierte und von Sinnesorgan zu Sinnesorgan verschiedene biochemische Vorgänge beteiligt, die in diesem Buch allenfalls kurz angeschnitten werden. Das Ergebnis aber ist jeweils dasselbe: Der

Umweltreiz wird übersetzt in elektrische Signale, die anschließend über das Nervensystem weitergeleitet werden und gewöhnlich im Gehirn landen, wo sie ausgewertet werden. Dort erst entsteht der Sinneseindruck und dort werden auch die Reaktionen auf die Umwelteindrücke koordiniert.

Lediglich einfache Reflexe werden schon von einer untergeordneten Instanz erledigt. Die blitzschnelle Reaktion, die wir zeigen, wenn wir versehentlich auf die heiße Herdplatte fassen, wird bereits über Nervenverbindungen im Rückenmark eingeleitet, mit „Zweitfertigung" an das Gehirn, das so etwas später von dem schmerzhaften Ereignis Kenntnis erhält. Die Reaktionen auf Sinneseindrücke müssen also nicht immer (sofort) bewusst werden und bewusste, überlegte Reaktionen auslösen.

Manche Einflüsse von außen lassen keinen Entscheidungsspielraum und lösen zwingend genau definierte Verhaltensabläufe aus. Pheromone zum Beispiel, die in winziger Dosis „unbewusst" wirken, bestimmen das Verhalten vieler Tiere (und vielleicht auch des Menschen in manchen Lebenslagen). Andere Informationen lassen mehr Freiheit. Wie sich das Tier entscheiden wird, ist deshalb nicht immer vorhersagbar.

Alle Lebewesen sind das Ergebnis eines bereits seit Jahrmilliarden laufenden Evolutionsprozesses. Nach dem Prinzip der natürlichen Auslese, die den an die jeweiligen Umweltbedingungen am besten Angepassten den besten Fortpflanzungserfolg sichert, sind dabei Arten entstanden, deren Sinnesorgane Verblüffendes leisten. Manches, wie zum Beispiel die Fähigkeit der Fledermäuse, in dunkler Nacht Beute zu machen, blieb unverständlich, bis akribische Forschungsarbeit Licht ins Dunkel brachte. Aber auch wenn inzwischen vieles entschlüsselt werden konnte, was früher schlichtweg unerklärlich war: Die Leistungsfähigkeit vieler Sinnesorgane und ihr kompliziertes Zusammenspiel mit der Umwelt beeindrucken und faszinieren deshalb nicht weniger.

Mehr als sieben Sinne

Wer seine fünf Sinne beisammen hat, gilt wenigstens für den Alltag als gut gerüstet. Sehen und Hören, Riechen, Schmecken und Tasten erschließen uns die Welt. Den sechsten oder gar den siebten Sinn reservieren wir uns im Volksmund für Prophezeiungen oder Vorahnungen, die sich später vielleicht wirklich bewahrheiten (oder auch nicht).

Tatsächlich aber haben Menschen einige Sinne mehr als die fünf aus der Standardaufzählung. Wir können Wärme und Kälte wahrnehmen. Wir empfinden Schmerz. Wir wissen immer, wo oben und unten ist, haben also einen Sensor, der die Richtung der Schwerkraft feststellt. Wir haben ein eigenes Sinnesorgan, das Körperdrehungen misst und uns so ermöglicht, unsere Lage im Raum zu kontrollieren. Und wir haben eine Innere Uhr, die unseren eigenen, persönlichen Tagesrhythmus bestimmt, einen Zeitsinn also. Der Sinn für die „besonderen Fälle" wäre dann also allenfalls der neunte oder gar zehnte.

Tiere nehmen die Welt ganz anders wahr als wir. Für uns zum Beispiel sind die Augen die wichtigsten Sinnesorgane – wir sind „Augentiere". Andere Säugetiere sind eher „Nasentiere". Für sie bergen Gerüche oft wichtigere Informationen als Farben. Wie man sich wohl fühlt, wenn die Welt eher in Schwarz, Weiß und Grautönen daherkommt, die Nase dafür aber schon verrät, ob hinter der Ecke Gefahr lauert, ob mein Kind vor Stunden von fremder Hand gestreichelt wurde oder mein Gegenüber gerade paarungswillig ist? Schon das strapaziert unsere Vorstellungskraft erheblich.

Noch viel schwieriger ist es bei Tieren, die ganz anders arbeitende Sinnesorgane haben als wir. Wie sieht ein Insekt mit seinen aus zahlreichen sechseckigen Einzelaugen zusammengesetzten Facettenaugen? Vollends unmöglich wird es, wenn Tiere Umweltfaktoren wahrnehmen, die für unsere Sinnesorgane einfach nicht existieren.

Technische Hilfsmittel vermitteln uns vielleicht noch ein Gefühl dafür, was es heißen könnte, UV-Licht zu sehen. Ebenso lässt sich noch vorstellen, wie die mit Ultraschall arbeitende Echoortung der Fledermäuse oder Zahnwale funktioniert. Mit dem Eindruck des Sehens und des Hörens können wir schließlich selbst noch etwas verbinden. Aber wie fühlen sich die Feldlinien des Erdmagnetfelds für einen ziehenden Vogel an? Kribbeln dem Hai die Lorenzinischen Ampullen, wenn er in das elektrische Feld eines im Sand vergrabenen Beutetiers gerät? Hier stehen wir sprach- und vorstellungslos und müssen uns noch mehr als in den anderen Fällen auf die Sprache der Wissenschaft verlassen, die mit ausgeklügelten Experimenten zu entschlüsseln versucht, wie Tiere ihre Umwelt wahrnehmen.

Die Sprache der Wissenschaft allerdings ist oft genug staubtrocken und verbirgt die Faszination des Forschers an seinen „Mitarbeitern" aus dem Tierreich meist völlig. Ihren Platz hat sie in wissenschaftlichen Journalen und Lehrbüchern. Ganze Bibliotheken lassen sich allein mit Arbeiten rund um die Sinne der Tiere füllen.

Der Sinn dieses Buchs dagegen ist ein anderer. Es ist kein enzyklopädisches Lehr-, sondern ein Lesebuch, ein höchst lückenhafter und unvollständiger, dabei aber hoffentlich anregender und vergnüglicher Streifzug durch die aufregende Sinneswelt der Tiere.

Tiere erfahren Umwelt anders als wir Menschen. Fühlhaare auf dem ganzen Körper dienen der Seekuh zur Orientierung im Trüben.

Orientierung und Navigation

Woher weiß der Storch, wo Afrika liegt?

Es wird Herbst. Die Schwalben versammeln sich auf den Leitungsdrähten. Sie scheinen unruhig: Immer wieder fliegen ganze Schwärme laut zwitschernd auf. Wenige Tage später sind die Drähte leer, die Schwalben verschwunden – und mit ihnen viele andere Vogelarten, die sich eher heimlich auf die Schwingen gemacht haben. Wohin? Seit der Antike ranken sich viele Gerüchte um das geheimnisvolle Verschwinden und Auftauchen vieler heimischer Vogelarten. Dass Schwalben am Grunde von Seen überwintern oder sich Kuckucke im Winter in Greifvögel wandeln würden, sind nur zwei davon.

Manchem mag es tatsächlich so scheinen, als verschwänden die Sommergäste von einem Tag auf den anderen. Wer sich allerdings die Muße macht, an einem sonnigen Herbstmorgen auf einer Wiese auf dem Rücken zu liegen und ins Blaue zu schauen, sieht sie wandern. Einzeln, im Trupp oder schwarmweise sind sie unterwegs, manche flach über dem Boden, andere so hoch, dass sie kaum mehr erkennbar sind, schweigsam oder sich mit stetem Rufen ihrer Artgenossen versichernd. Schließlich verschwinden sie in südwestlicher Richtung am Horizont. Wohin?

Spätestens als im 19. Jahrhundert einige Weißstörche mit merkwürdigen Souvenirs an ihren deutschen Brutplätzen erschienen, war klar, dass der Vogelzug nicht nur um die nächste Ecke führt. Im Gefieder steckende Pfeile wiesen nach Afrika.

Mehr Aufklärung brachte aber erst die seit etwa hundert Jahren praktizierte Beringung. Die individuelle Markierung durch kleine, Nummern und die Adresse einer Vogelwarte tragende Aluminiumringe löste viele Fragen nach Zugwegen, Winterquartieren und Rückkehr. Auch heute werden noch jedes Jahr Zehntausende von Vögeln beringt. Manche allerdings müssen neben dem leichten Alu-Ring auch einen „Rucksack" mitschleppen. Seit es gelungen ist, winzig kleine und dennoch sehr leistungsfähige Sender zu bauen, sind Schwäne, Adler und Störche schon mit diesem kleinen Zusatzgepäck auf die Reise geschickt worden. Mehrmals täglich meldet der Sender via Satellit den Verbleib des Zugvogels. Wo vorher nur ein gerader Strich zwischen Beringungs- und zufälligem Fundort eines Vogels gezogen werden konnte, entstehen nun Karten, die Flugstrecken und Rastplätze punktgenau verzeichnen. Indiskrete Neugierde einiger Wissenschaftler und einer stetig wachsenden Internet-Gemeinde, die sich auf diese Weise dem alten Traum vom Flug in den Süden wenigstens virtuell annähern können? Nicht nur. Neben genauen Informationen über Zugwege und -leistungen lassen sich auf diese Weise natürlich auch wichtige Rastgebiete unterwegs aufspüren und dadurch besser schützen.

Allerdings: Damit können wir nur einen Teil des uralten Rätsels des Vogelzugs klären. Während wir die Zugwege und -zeiten vieler Arten immer besser kennen lernen, verstehen wir immer noch nicht vollständig, wie Vögel sich auf diesen Reisen orientieren. Während

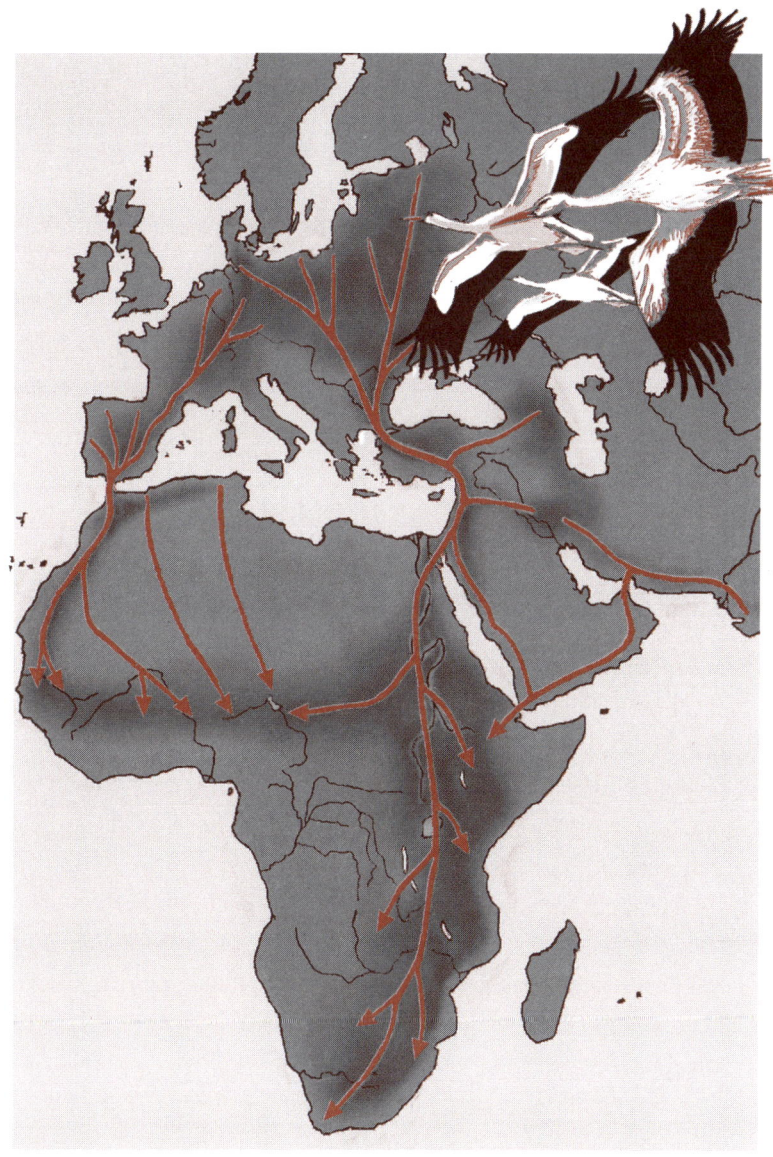

Inzwischen weitgehend bekannt: die Flugrouten des Weißstorchs von den europäischen Brutgebieten ins afrikanische Winterquartier

unsereiner sich schon beim Spaziergang im Wald verirrt, finden Vögel ein oft viele tausend Kilometer entferntes Winterquartier und brüten – noch viel erstaunlicher – im nächsten Frühjahr wieder auf demselben Kirchturm oder im gleichen Garten.

Die einfachste mögliche Lösung, dass dieses Wissen über Generationen weitergegeben wird, indem die Jungen von den Alten lernen, ist offensichtlich falsch. Bei den meisten Zugvögeln wandern Eltern und Jungvögel nicht gemeinsam. Letztere sind ganz auf sich gestellt, wenn sie sich im zarten Alter von wenigen Wochen auf die weite Reise machen. Und schließlich findet auch der Kuckuck nach Afrika und überwintert nicht mit seinen Pflegeeltern. Damit bleiben nur die Gene – und tatsächlich wird der Vogelzug ganz überwiegend vom Erbgut gesteuert. „Im Blut" liegt nicht nur die Steuerung für die Wanderung selbst, sondern auch die damit in Zusammenhang stehende Fresslust, die der Anlage von Fettvorräten dient. Wer wird schon ohne Proviant losfliegen?

Fliegen ist anstrengend. Zahlreiche Großvögel lassen sich von der Thermik helfen. Über erwärmten Landmassen aufsteigende Luft greift ihnen hilfreich unter die Schwingen. Dafür nehmen sie sogar weite Umwege in Kauf. Störche und Greifvögel umfliegen das Mittelmeer lieber. Kleinvögel wandern dagegen im normalen Schlagflug. Viele Arten verschwinden tatsächlich „über Nacht": Die meisten Langstreckenzieher unter unseren Singvögeln ziehen in der Dunkelheit. Das lässt tagsüber noch Zeit zur Nahrungssuche und scheint aus verschiedenen Gründen auch zum energiesparenden Flug beizutragen.

Vor allem die Untersuchungen an verschiedenen solcher Nachtwanderer haben ihren Zugablauf erhellt. Nur ein Beispiel: Von Hand aufgezogene Gartengrasmücken wurden im Herbst in runden Käfigen gehalten, in denen ihre nächtlichen Aktivitäten, die „Zugunruhe", registriert wurden. Zur Zugzeit hüpfen und schwirren die Vögel, sie „ziehen auf dem Trockenen". Ihre Schwirraktivität lässt sich direkt in eine entsprechende Kilometerleistung übersetzen. Ihre Richtungswahl ist klar: Sie streben nach Südwesten. Nach einem guten Monat allerdings – ihre freilebenden Artgenossen haben inzwischen Südspanien erreicht – schwenken sie um. Jetzt orientieren sie sich nach Süden. Damit wird klar, dass der Zugknick, den die Gartengrasmücken machen, um nicht auf den offenen Atlantik zu geraten, programmiert ist. Nach einem weiteren Monat lässt die Zugunruhe der Versuchsvögel allmählich nach. In Freiheit hätten sie jetzt ihr Winterquartier in Afrika südlich der Sahara erreicht.

Aus solchen Versuchen wird deutlich: Vögel haben einen Kompass. Sie können gezielt Richtungen einschlagen und einhalten. Wir Menschen haben abseits vertrauter Landmarken zwei Möglichkeiten, uns zu orientieren: Sonne und Sterne. Die Sonne, die ungefähr im Osten aufgeht, um zwölf Uhr mittags genau im Süden steht und abends irgendwo im Westen untergeht, lässt Richtungsabschätzungen zu. In unbekannter Umgebung brauchen wir dazu allerdings zusätzlich eine Uhr, nur dann erhalten wir eine genaue Information über die Richtung. Nachts hilft der Polarstern weiter. Der scheinbare Drehpunkt des Himmelsgewölbes steht immer im Norden. Meist benutzen wir aber technische Hilfsmittel, um Himmelsrichtungen festzulegen. Das gebräuchlichste ist der Magnetkompass, der uns Nord und Süd weist.

Genau diese drei Systeme sind auch bei Vögeln nachgewiesen: der Sonnenkompass, der Sternenkompass und der Magnetkompass. Doch der Reihe nach:

Damit der **Sonnenkompass** funktioniert, brauchen auch Vögel eine Uhr. Sie tragen sie allerdings nicht am Handgelenk, sondern als eingebauten Zeitsinn (→ S. 154). Wo diese Innere Uhr sitzt, wissen wir immer noch nicht. Sie funktioniert aber so genau, dass Brieftauben den Sonnengang mit einer Präzision von 20 Minuten oder fünf Grad einschätzen können.

Verrechnet wird übrigens nicht die Sonnenstandshöhe, die sich sowohl im Jahresverlauf als auch bei einer Reise nach Norden oder Süden stark ändert, sondern der Azimut, der Winkel, der am Horizont – vom Betrachter aus gesehen – zwischen der Südrichtung und dem senkrecht unter der Sonne liegenden Punkt eingeschlossen wird. Zwei Nachteile hat der Sonnenkompass: Er funktioniert weder nachts noch am Äquator, wo die Sonne senkrecht über den Scheitel des Himmelsgewölbes wandert. Noch unbekannt ist, ob ein Vogel, der den Äquator überquert hat, mit der mittags dann im Norden stehenden Sonne klarkommt.

Wie der **Sternenkompass** arbeitet, hat man mit Versuchen unter natürlichen und künstlichen Himmeln im Planetarium herausgefunden. Danach lernen die Jungvögel, wie das Himmelsgewölbe (scheinbar) rotiert. Haben sie sich das einmal eingeprägt, können sie sich später auch spontan orientieren; die Beobachtung der Rotation selbst ist dann nicht mehr notwendig. Ausschlaggebend ist nicht der Polarstern (was man herausfinden kann, wenn man ihn im Planetarium abschaltet) sondern das Sternmuster der ganzen Region um ihn herum, die ihre Stellung im Verlauf der Nacht nur wenig verändert. Was aber tun nachts ziehende Vögel, wenn bei bedecktem Himmel keine Sterne zu sehen sind? Im Versuch zeigen sie sich dann zwar etwas weniger gut orientiert, wissen aber trotzdem noch ganz gut, wohin sie müssen. Es muss also ein weiteres, von Sonne, Mond (der sowieso keine Rolle spielt) und Sternen unabhängiges System geben.

Mit dem **Magnetkompass** wurde dieses im Jahr 1968 auch gefunden. Frankfurter Wissenschaftler stellten ihre Versuchskäfige zwischen riesige Magnetspulen; kehrten sie die Wirkung des Erdmagnetfelds mit deren Hilfe um, strebten ihre Rotkehlchen nach Nordosten statt nach Südwesten. Im Prinzip ist diese Form der Orientierung viel einfacher als die beiden anderen. Während Sonne und Sterne nämlich (scheinbar) dauernd in Bewegung sind, was komplizierte „Zusatz-Berechnungen" nötig macht, um die gewünschte Richtung zu ermitteln, ist das Magnetfeld der Erde nahezu konstant. Die magnetischen Feldlinien, die die Erde auf der Süd-

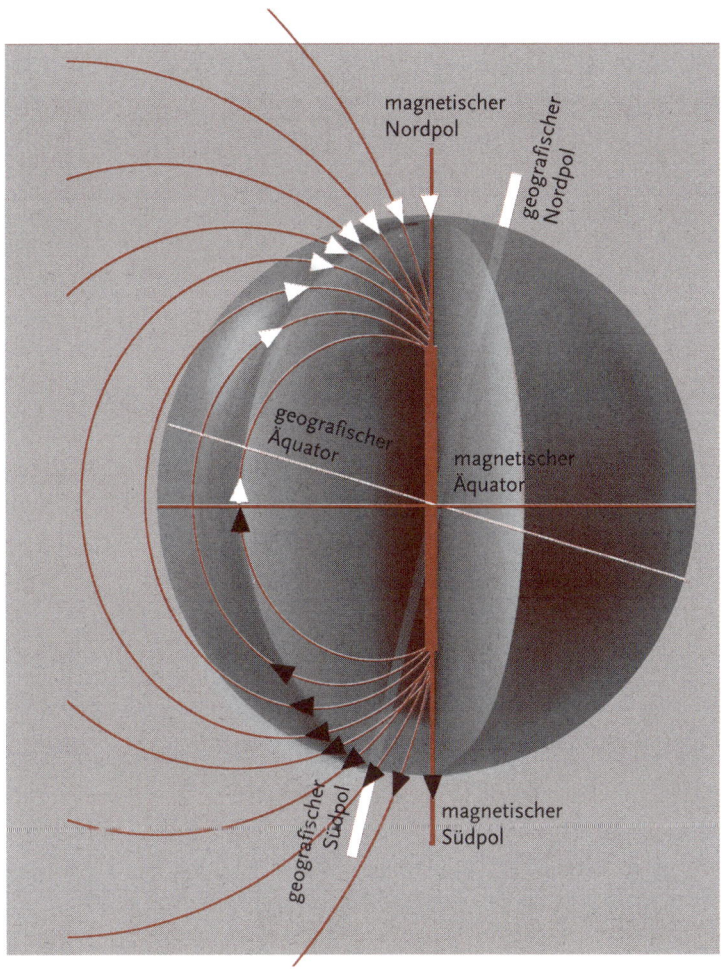

Magnetische Feldlinien (rot) hüllen die Erde ein, die sich wie ein riesiger Stabmagnet verhält. Richtungsweisende Informationen erhalten Vögel aus dem Winkel, in dem die Feldlinie die Erdoberfläche schneidet (Dreiecke). Er nimmt von 90 Grad an den Polen auf null Grad am magnetischen Äquator ab.

halbkugel verlassen und sie im Norden wieder erreichen, hüllen die gesamte Erde ein. Somit ermöglichen sie eine Orientierung an jedem beliebigen Punkt der Erdoberfläche.

Anders als unser Magnetnadel-Kompass, dessen Enden immer zu den magnetischen Polen weisen, wissen Vögel aber nicht, wo Nord und Süd ist. Sie verwenden nämlich nicht die Polarität, sondern „messen" den Winkel, mit dem die magnetischen Feldlinien die Erdoberfläche schneiden, die Inklination. Dieser Winkel verringert sich von 90° an den Polen bis zu 0° am Äquator. Was zunächst unnötig kompliziert klingt, hat einen entscheidenden Vorteil: Im Verlauf der Erdgeschichte hat der Erdmagnet schon öfters mal Nord- und Südpol vertauscht. Unsere Kompassnadeln würde das völlig verwirren, einen Vogel nicht: Die Inklinationswinkel bleiben dieselben. Der Nachteil dieses Systems: Am Äquator, wo die Feldlinien parallel zur Erdoberfläche verlaufen, bergen sie keine Richtungsinformation mehr. Aber für diesen Fall hat man ja noch die Sterne ...

Außerdem soll nicht verschwiegen werden, dass auch noch weitere Faktoren in der Diskussion sind, um Orientierungsleistungen zu erklären. Vögel können zum Beispiel vermutlich polarisiertes Licht wahrnehmen (→ S. 72). Vielleicht vermittelt das charakteristische Polarisationsmuster des Abendhimmels dem in der Dämmerung startenden Nachtzieher wichtige Informationen. Infraschall könnte ebenfalls eine Rolle spielen (→ S. 51).

Besonders heftig umstritten ist, ob sich Vögel per Nase weiträumig orientieren oder gar navigieren können. Ausgangspunkt dieser auf den ersten Blick abstrus anmutenden Vorstellung war die Beobachtung, dass Brieftauben mit betäubter Riechschleimhaut oder – Biologen sind manchmal radikal – durchtrennten Riechnerven nicht mehr heimfinden. Wuchsen sie in einem Schlag auf, in dem durch windablenkende Wände falsche Informationen über die Herkunft der durchwehenden Winde vorgegaukelt wurden, wichen die

Tauben im Versuch beim Abflug vorhersagbar von der Heimrichtung ab. Wird der Wind lange Zeit völlig abgeschirmt, versagt die Orientierung weitgehend. Diese und weitere Experimente haben zur Vorstellung geführt, Tauben verfügten über eine Art Luft-Duft-Landkarte. Denkbar erscheint, dass sie sich mithilfe von atmosphärischen Spurengasen auch weiträumig orientieren können.

Bleibt noch die Frage nach den Sinnesorganen. Für Sonne und Sterne sind natürlich die Augen zuständig, fürs Hören die Ohren, fürs Riechen die Nase. Wo aber sitzt das Magnetsinnesorgan? Um es gleich zu sagen: Ein solches gibt's zwar bei einer Bakterienart (→ S. 153), bei Vögeln anscheinend aber nicht. Bis heute ist offen, wo und wie sie die magnetische Information aufnehmen und verarbeiten. Zwar wurden bei Brieftauben im Oberschnabel Magnetit-Teilchen nachgewiesen, manche Versuche sprechen aber eher dafür, dass Netzhaut, Sehnerven und für das Sehen zuständige Gehirnteile eine Rolle bei der Magnetorientierung spielen. Bei Brieftauben jedenfalls versagte der magnetische Kompass in absoluter Dunkelheit; er scheint also irgendwie mit dem Sehvorgang gekoppelt zu sein. Rotkehlchen sorgten jüngst im Frankfurter Labor für einen verblüffenden Befund. Deckte man ihr linkes Auge ab, störte sie das nicht im Geringsten. Eine Augenklappe rechts dagegen ließ sie orientierungslos werden. „Sehen" Rotkehlchen das Magnetfeld nur mit dem rechten Auge?

Aber Vögel können noch mehr als sich „nur" orientieren: In den 1950er Jahren führte der niederländischer Vogelkundler Perdeck ein mittlerweile klassisch gewordenes Experiment durch. Er fing in Holland über 11 000 aus Nordosteuropa kommende Stare, die im Herbst nach Westeuropa unterwegs waren und beringte sie. Wenig später waren die Stare wieder in der Luft, wenn auch nicht auf eigenen Schwingen. Per Flugzeug reisten sie in die Schweiz und wurden dort freigelassen. Dann wartete Perdeck auf Rückmeldungen. Dabei zeigte sich Verblüffendes: Die Jungstare, zum ersten Mal auf der Reise ins Winterquartier, setzten ihren Zug nach Südwesten fort, als sei nichts passiert. Ein paar hundert Kilometer weiter landeten sie in Südfrankreich und Spanien. Die alten, erfahrenen Vögel aber merkten, dass hier etwas nicht stimmte: Sie wandten sich nach Nordwesten und gelangten so wieder in ihre traditionellen Winterquartiere. Sie konnten sich nicht nur orientieren (also eine bestimmte Wunschrichtung ermitteln und einhalten), sondern waren darüber hinaus in der Lage zu navigieren. Das heißt nichts weniger als den eigenen Standort zu bestimmen, das gewünschte Ziel zu kennen und daraus eine Richtung zu berechnen.

Die Starengeschichte hat übrigens noch eine Fortsetzung, denn die jungen Stare schafften es, trotz „falschem" Winterquartier, im Frühling wieder nach Hause ins „richtige" Brutgebiet zu kommen. Auf dem Rückweg hatten sie also navigiert! Und der nächste Winter? Den verbrachten sie wieder im Süden Europas statt im unbekannten Westen.

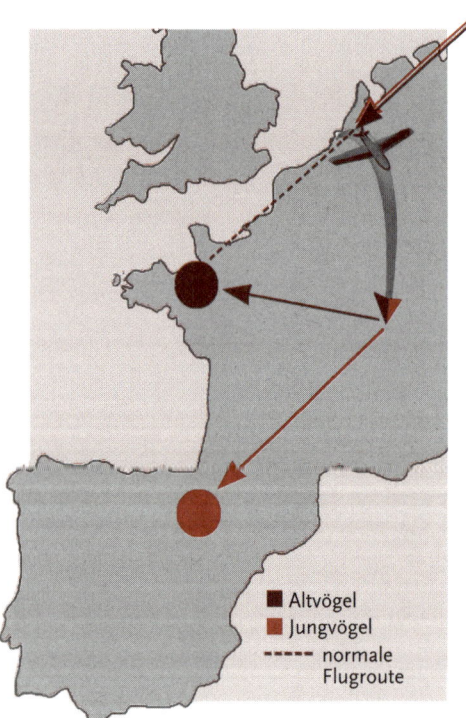

■ Altvögel
■ Jungvögel
----- normale Flugroute

Während des herbstlichen Zuges vom Flugzeug verfrachtet verhielten sich junge Star anders als alte. Sie setzten ihren Weg fort, als sei nicht geschehen.

Navigation erklärt viele fantastischen Leistungen der Zugvögel. Wenn etwa eine Küstenseeschwalbe nach ihrer Winterreise bis zur Antarktis und weit über 20 000 zurückgelegten Kilometern wieder auf derselben Nordseeinsel auf dem gleichen Quadratmeter Salzwiese brütet. Oder wenn Schwarzschnabelsturmtaucher, während der Brutzeit von Forschern aus der walisischen Heimat entführt und in Boston oder Venedig ausgesetzt, nach 12–14 Tagen wieder zu Hause sind – 5000 Kilometer quer über den Atlantik oder rund um Europa!

Wie sie das schaffen? Der Hypothesen und Konzepte sind viele, eine schlüssige Lösung aber noch lange nicht in Sicht. Navigation oder der „Raumsinn": Das ist das größte Rätsel des Vogelzugs, bis heute.

Nomaden allenthalben

Nicht nur viele Vögel, sondern auch zahlreiche andere Lebewesen sind dauernd auf Achse, eine Folge der unterschiedlichen Klimazonen und Jahreszeiten unserer Erde. Nicht jeder Lebensraum kann eben zu jeder Zeit alle Bedürfnisse befriedigen. Die großen Bartenwale zum Beispiel leben bevorzugt in kalten Gewässern; vor allem die Meere rund um die Antarktis sind walreich. Dort sorgt besonders nährstoffhaltiges Wasser für eine ungewöhnliche Planktondichte und damit für Nahrung im Überfluss. Zum Kinderkriegen allerdings ist das Wasser dort viel zu kalt. Wale sind als Säugetiere schließlich Warmblüter und den dicken, isolierenden Speckmantel der Erwachsenen bringen die Kinder noch nicht gleich mit. Also müssen ihre Mütter Tausende von Kilometern zurücklegen, bis sie geeignete Gewässer zur Geburt antreffen. Solche oder ähnliche Beispiele lassen sich unzählige finden; ganze Bibliotheken beschreiben das Wanderverhalten von Tieren.

Wer unterwegs ist, tut gut daran, sich zu orientieren. Schließlich geht es ja meist darum, einen bestimmten Ort zu erreichen. Oft helfen dabei erstaunliche Sinnesleistungen der verschiedensten Art, weshalb wir den Wanderern in manchen Kapiteln wieder begegnen werden.

Manchmal allerdings ist der Hauptzweck eher der, ein bestimmtes Gebiet zu verlassen. Wenn die Zahl der Wanderheuschrecken in einer Region eine kritische Dichte überschreitet (was einen Engpass bei der zukünftigen Nahrungsversorgung befürchten lässt), entwickelt sich die nächste Generation ganz anders als die vorhergehenden. Jetzt wachsen Heuschrecken heran, die größer, langflügeliger und bunter sind. Sie finden sich in großen Trupps zusammen und sind von einem unbändigen Wandertrieb besessen. So entstehen die berüchtigten Schwärme, die aus vielen Millionen Insekten bestehen und innerhalb weniger Minuten ganze Landstriche kahl fressen können. Zwar sind sie auf eigenen Flügeln unterwegs, wohin der Schwarm sich wendet, wird aber gewöhnlich hauptsächlich von den herrschenden Windrichtungen bestimmt.

Verdriften mit dem Wind ist für viele Insekten eine sehr gebräuchliche Methode, über kurze oder weite Strecken zu wandern. Einige allerdings brauchen den Vergleich mit den Leistungen der Vögel nicht zu scheuen. Sie fliegen ungeachtet widriger Winde oder ungünstiger Landschaftsformen im Sommer und Herbst nach Süden. Manche einheimische Tagfalterarten, wie Admiral und Distelfalter, legen dabei große Strecken

Wanderheuschrecken

zurück. Und selbst einige nur wenige Milligramm wiegende Schwebfliegenarten wandern gerichtet über weite Distanzen und können vermutlich Tausende von Kilometern zurücklegen.

Auch wenn die Sinnesleistungen und Mechanismen, die diese gewaltigen Leistungen auslösen und steuern, kaum bekannt sind, möchte ich hier wenigstens den spektakulärsten Insektenzug vorstellen, den des nordamerikanischen Monarchen *(Danaus plexippus)*. Der große, auffällig orange-schwarz gemusterte Falter entstammt einer überwiegend in wärmeren Gebieten heimischen Schmetterlingsfamilie, kommt selber aber auch in den gemäßigten Breiten, so zum Beispiel über nahezu den ganzen nordamerikanischen Kontinent bis weit nach Kanada hinein vor. Allerdings kann er den kalten Winter dort nicht überleben. Im Spätsommer und Herbst wandern deshalb Hunderte von Millionen Falter gen Süden, eine Wanderung, deren Verlauf sowohl durch direkte Beobachtung als auch durch eine Art „Beringung" mittels winziger, auf die Flügel aufgeklebter Papiermarkierungen erforscht wurde. Im Süden allerdings verlor sich die Spur der Monarchen lange.

Erst im Jahr 1975 wurde das geheime Winterlager entdeckt. Dicht an dicht wie Teppiche die Bäumen überziehend, ruhen die aus dem ganzen östlichen und mittleren Nordamerika kommenden Falter in einem eng umgrenzten Gebiet im gebirgigen mexikanischen Hochland auf 2800 Meter Höhe (weitere, viel kleinere Überwinterungsgebiete befinden sich an der Küste Kaliforniens).

Eigentlich ein gefundenes Fressen für alle möglichen Insektenliebhaber. Zum Glück für die Monarchen schmecken sie aber ausgesprochen widerlich und sind dadurch gut gegen Fressfeinde geschützt (wenn auch nicht gegen alle, denn manche Vogelarten lassen sich von den Giften nicht abschrecken). Den Fraßschutz erwerben sie übrigens bereits als Raupe, während sie sich von giftigen Schwalbenwurz-Gewächsen ernähren. Vier bis fünf Monate überdauern die

Ein großer Teil der amerikanischen Population des Monarchfalters überwintert in einem eng begrenzten Gebiet in Mexiko.

1000 km

Schmetterlinge in Winterstarre. Dann aber werden sie umso aktiver. Der Reise in den Norden geht eine Paarungsorgie voran. Anschließend fliegen die Schmetterlinge in Richtung ihrer „Brutgebiete". Die meisten scheuen den ganzen weiten Weg in den hohen Norden, legen ihre Eier bereits im südlichen Nordamerika, sterben wenig später und überlassen es den folgenden Generationen, ihre Reise nach Norden fortzusetzen und zu vollenden. Erst die letzte Generation des Sommers macht sich wieder nach Süden auf die Schwingen und muss dann bis zu 4800 Kilometer ins nur etwa 800 Quadratkilometer große mexikanische Winterquartier zurücklegen!

Eine erstaunliche Orientierungsleistung für die Falter, von denen kein einziger je vorher dort gewesen war! Und eine gewaltige Wanderung für ein so kleines Tier. Die Markierungen haben enthüllt, dass die Falter in wenigen Tagen 1900 km zurücklegen können, wobei die Tagesleistung bei durchschnittlich 130 km liegt. Können sie von günstigen Winden profitieren, steigen sie bis zu 1000 m hoch. Aber auch bei widrigen Verhältnissen werden sie keineswegs vom Winde verweht. Sie fliegen dann in der Nähe des Bodens, wo die Windstärken geringer sind, nutzen den Windschutz von Gebäuden, Dämmen oder Waldrändern und versuchen trotzdem, ihre Richtung beizubehalten. Wird der Wind zu stark, legen sie einfach eine Pause ein.

Bei der Orientierung helfen der Sonnenkompass und, wie jüngst Versuche mit Faltern in künstlichen Magnetfeldern ergaben, vermutlich auch das Magnetfeld der Erde. Trotzdem kommt es gelegentlich (wie auch bei Zugvögeln) zu Verdriftungen, in deren Folge Monarchen manchmal sogar in Europa auftauchen – ein zarter Schmetterling als erfolgreicher Transatlantikflieger. Im Herbst 1995 wurden zum Beispiel über 150 Monarchen in Großbritannien beobachtet, die meisten davon an der Südküste. Dauerhafte Ansiedlungen gelangen den Weltreisenden auf den Bermudas, den Azoren, Madeira und den Kanarischen Inseln (ab 1880), aber auch in Neuseeland (um 1840) und Australien (um 1870).

Hören

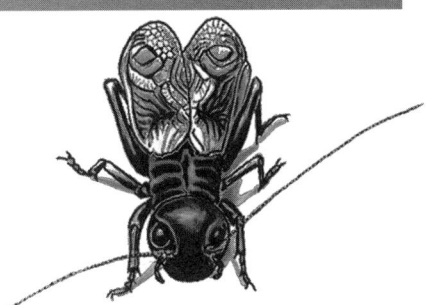

Hören heißt, (Luft-)Schwingungen auffangen und auf Nerven übertragen. Klingt einfach, kann aber in einem leistungsfähigen Hörorgan durchaus kompliziert sein. Um Schallwellen wahrzunehmen, bedarf es einer Struktur, die Schwingungen leicht aufnimmt. Bei uns sind das die Trommelfelle. Dahinter sitzt das Mittelohr, in dem die drei gelenkig verbundenen Gehörknöchelchen Hammer, Amboss und Steigbügel die Schwingungen des Trommelfells verstärken.

Der eigentliche Hörvorgang findet dann im Innenohr, der Schnecke, statt. Hier wird die Bewegung des Steigbügels auf eine Flüssigkeit übertragen, die dadurch Wellenbewegungen auf den dünnen, die kompliziert gebaute Spirale in ganzer Länge durchziehenden Membranen erzeugt. Diese wiederum regen ganz gezielt einzelne der etwa 15 500 in der Schnecke angeordneten Hörhärchen an, die das dann über Nerven an das Gehirn weitermelden. Je nach Tonhöhe werden unterschiedliche Hörhärchen bewegt und damit auch verschiedene Nerven gereizt. So nehmen wir verschiedene Tonhöhen wahr.

Bei den meisten Säugetieren sorgen außerdem große, bewegliche Ohrmuscheln als „Flüstertüten" dafür, dass der Schall möglichst effektiv aufgefangen und zum Trommelfell geleitet wird. Ihre Form erleichtert auch die Ortung von Geräuschen. Nicht umsonst vergrößern wir unsere Ohrmuscheln mit den Händen und drehen den Kopf, wenn wir genau hinhorchen. Weil wir zwei Ohren haben, können wir Schallquellen auch orten. Dabei bieten sich prinzipiell zwei Möglichkeiten, Richtungsinformationen zu bekommen: Erstens wird das der Schallquelle zugewandte Ohr stärker gereizt als das abgewandte, zweitens wird es früher erreicht.

Die Frequenz von Schwingungen wird in Hertz (Hz) oder Kilohertz (kHz) angegeben; 1 Hz ist eine Schwingung pro Sekunde, 1 kHz 1000 Schwingungen pro Sekunde. Je höher die Frequenz,

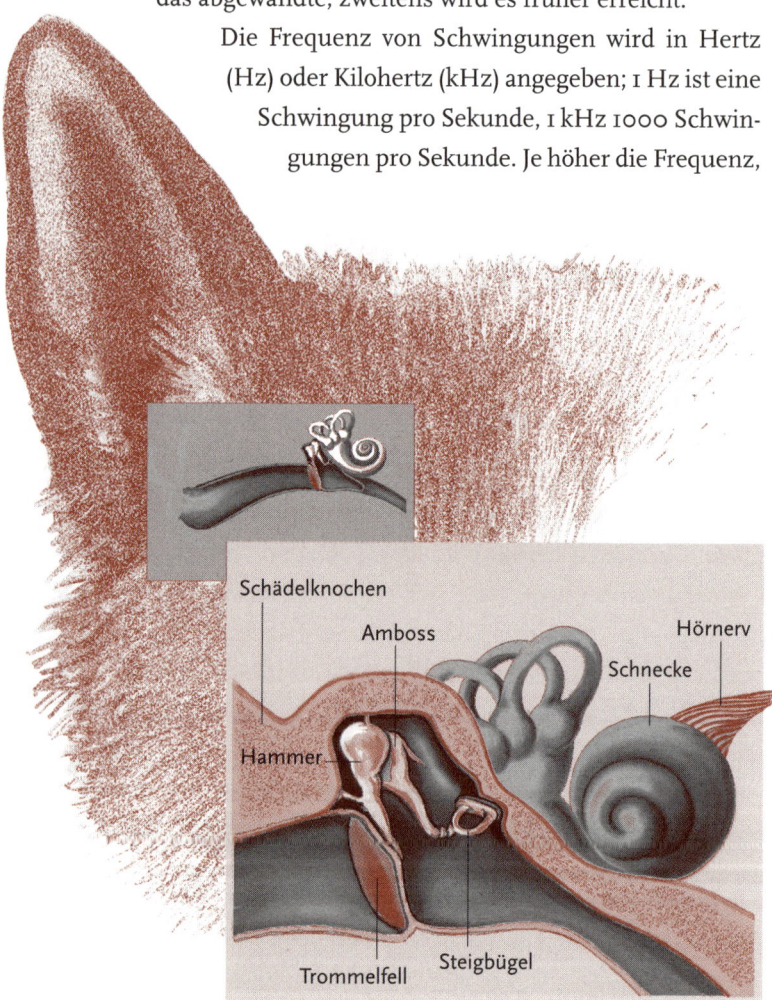

Aus Schall – feinsten Schwingungen der Luft – werden Nervenimpulse: die „Übersetzungsmaschine" im Ohr eines Säugetiers.

desto höher der Ton. Der menschliche Hörbereich liegt beim jungen Erwachsenen zwischen 20 Hz und 16 kHz, am besten hören wir im Bereich von 2000–5000 Hz: Hier sind die niedrigsten Lautstärken nötig, um das Gehör anzuregen. Frequenzen unterhalb unserer Hörgrenze werden als Infraschall bezeichnet, solche oberhalb als Ultraschall. Was für Menschen Ultraschall ist, liegt für andere Tiere oft durchaus im Bereich des Hörbaren. Die Hundepfeife funktioniert nach diesem Prinzip: Weil ein Hund noch Frequenzen von 30–40 kHz wahrnehmen kann, lässt er sich mit Ultraschall heranpfeifen.

Eulen: Flüsterflieger mit Präzisionsgehör

Für viele nachtaktive Tiere ist ein gutes Gehör besonders wichtig. Schließlich funktioniert das Sehen umso schlechter, je dunkler es wird. Äußeres Zeichen guter Horcher unter den Säugetieren sind große, bewegliche Ohren. Nachtvögel haben es da schwerer. Ohrmuscheln gehören schließlich nicht zur Ausstattung eines Vogels.

Wie aber schafft es dann die Eule, eine Maus zu erwischen? Der erste Verdacht, dass Eulen im Dunkeln einfach besser sehen können als wir, bestätigt sich zwar: Nachtaktive Eulen erreichen tatsächlich eine 3–10fach bessere Dämmerungsleistung als Menschen. Aber das genügt nicht, wenn's wirklich finster wird.

Zwar können Eulen in vertrauter Umgebung dann durchaus noch fliegen, weil sie eine genaue Karte ihrer Umgebung im Kopf haben, bei der Jagd aber müssen die Ohren weiterhelfen. Die riesigen Ohröffnungen der Eulen liegen verborgen hinter ihrem merkwürdigen, die Augen umgebenden Gesichtsschleier. Dieser arbeitet wie eine Satellitenschüssel und verbessert den Empfang ganz wesentlich, indem er den Schall bündelt und zur Ohröffnung leitet.

Große Eulen sind dabei im Vorteil: Weil ihre Ohren naturgemäß weiter auseinander liegen, sind auch die Unterschiede in der Ankunftszeit der Schallreize größer. Kleine Arten lösen das Problem durch asymmetrische Ohröffnungen, entweder durch Hautfalten oder gar durch Verlagerung der Gehöreingänge am Schädel wie beim Raufußkauz, dessen linke Ohröffnung viel weiter oben sitzt als die rechte. Dadurch wird der Abstand zwischen beiden Öffnungen vergrößert, was die Leistungsfähigkeit des Gehörs steigert.

Versuche mit zahmen Eulen, die in völliger Dunkelheit mit Infrarot-Kameras beobachtet wurden, zeigten, dass sie auf ein kurzes Geräusch innerhalb von Bruchteilen einer Sekunde reagieren und ihren Kopf mit großer Genauigkeit in die richtige Richtung drehen – ähnlich schnell und präzise, wie unsere Augen auf optische Reize ansprechen.

Stellen wir uns eine hungrige Schleiereule vor, die lauschend auf dem Pfahl eines Weidezauns sitzt. Irgendwo am Erdboden quiekt eine Maus. Die Eule muss nun zwei „Rechnungen" anstellen, bevor sie losfliegt: Sie muss, erstens, feststellen, aus welcher horizontalen Richtung der Reiz kommt (15 Grad rechts oder 42 Grad links etc.), und, zweitens, auch den vertikalen Winkel richtig einschätzen und eine flache Flugbahn einschlagen, wenn die Maus weiter weg sitzt, eine steile, wenn sie in der Nähe raschelt.

Wieder trugen raffinierte Versuche zur Lösung bei, bei denen die Eulen winzige Ohrhörer trugen, durch die Töne eingespielt wurden. Die Ergebnisse: Trafen die Töne rechts und links gleichzeitig ein, guckte die Eule weiterhin geradeaus. Kam der Ton links etwas eher, drehte sie den Kopf nach links, und zwar umso stärker, je größer der Zeitunterschied war. Wurden Töne gleichzeitig, aber mit unterschiedlicher Lautstärke gesendet, bewegte die Eule den Kopf nach oben oder unten. Das funktionierte auch in der Mischung: Töne, die etwas zeitversetzt und mit unterschiedlicher Intensität ankamen, brachten den Vogel dazu, schräg nach oben oder unten zu schauen.

Winzige Unterschiede der am rechten und linken   Ohr ankommenden Signale erlauben der Schleiereule, ihre Beute genau zu orten.

Die Eule misst also mit zwei Methoden: In der Horizontalen (rechts/links) sind Zeitunterschiede ausschlaggebend – wobei eine Differenz von 30 Millionstel Sekunden schon genügt –, in der Vertikalen (oben/unten bzw. nah/fern) Lautstärkeunterschiede. Dazu ist natürlich eine unterschiedliche Ausrichtung beider Ohren nötig; tatsächlich enden bei der Schleiereule nicht nur die Ohröffnungen asymmetrisch, auch der schallsammelnde Gesichtsschleier ist (und zwar links und rechts unabhängig) verformbar, sodass das linke Ohr eher nach unten, das rechte nach oben horcht. Verstärkt wird dieser Effekt dadurch, dass das rechte Ohr gegenüber von oben kommenden hohen Frequenzen (3–9 kHz) besonders empfindlich ist, das linke Ohr gegenüber solchen, die von unten kommen. Dadurch lässt sich die Höhe der Schallquelle genau feststellen. Für die Horizontalmessung werden vor allem die niederfrequenten Anteile des Lautes verwendet.

Das Ergebnis jedenfalls ist beeindruckend. Eulen nehmen noch Schallwellen getrennt wahr, die nur 1,6 Grad voneinander getrennt sind. Das genügt, um die Maus zielsicher zu packen.

Natürlich „weiß" die Maus, dass sie gefährdet ist. Immer wieder ist sie ganz Ohr, um nach möglichen Feinde zu lauschen. Zum Erfolgsrezept der Eule gehört deshalb neben der punktgenauen Ortung auch der Flüsterflug. Im flauschigweichen Eulengefieder entstehen kaum Fluggeräusche; die vordere Flügelkante, an der das typische Flügelsausen entsteht, ist durch fein gezähnte Federn entschärft. So bemerkt das Mäuschen die Eule erst, wenn es deren Krallen spürt.

Insekten: ungewöhnliche Ohren

Was uns ganz normal und selbstverständlich scheint – zwei Ohren, die rechts und links im Kopf sitzen und Schall aufnehmen – ist durchaus nicht die Regel. Es geht auch anders. Zum Beispiel bei vielen Insekten. Beim großen Grünen Heupferd suchen wir vergeblich nach solchen Ohren. Diese größte unserer heimischen Heuschrecken trägt mit ihrem Schrillen an lauen Biergarten-Abenden dazu bei, ein richtiges Sommergefühl entstehen zu lassen. Die Botschaft der Musikanten richtet sich aber natürlich nicht an uns. Ihre Weibchen sollen darauf anspringen.

Dazu müssen diese hören können, und sie tun das mit den Vorderbeinen. Hinter je zwei kleinen Schlitzen in deren langen Mittelgliedern sitzen Trommelfelle, die vom Schall zum Schwingen angeregt werden, was sofort von Bewegungsmeldern an das Nervensystem weitergegeben wird. Überdies sind die Hörorgane beider Beine noch durch einen luftgefüllten Schlauch verbunden, der möglicherweise ebenfalls der Schallaufnahme und -verstärkung dient.

Besonders gut untersucht ist das Hören bei Grillen, die auf kleinen Freiplätzen vor ihren Wohnhöhlen am Erdboden musizieren. Dabei bewegen sie eine kammartige Schrillleiste am einen Flügel über eine Schrillkante am anderen – Musik für zwei Flügel sozusagen. Erzeugt werden meist Töne mit 4000–5000 Schwingungen pro Sekunde (viel höher werden die Töne dann, wenn ein Weibchen bereits in Reichweite gekommen ist und die intimere Phase der Werbung beginnt).

Genau genommen haben Grillen (wie die ganze Verwandtschaft der Langfühlerschrecken, die auch die Heupferde mit einschließt) vier Ohren, weil jedes Vorderbein zwei Eingänge und zwei Trommelfelle besitzt. Das ermöglicht eine genaue Ortung des Sängers, selbst wenn ein Bein verloren gegangen ist, was im Überlebenskampf durchaus mal vorkommen kann und auch nicht besonders tragisch ist – es bleiben ja noch fünf. Auch in diesem Fall lässt sich noch die Richtung feststellen, aus der die Töne kommen. Das der Schallquelle zugewandte Trommelfell schwingt stärker als das abgewandte. Dreht sich die Grille so lange, bis beide Trommelfelle gleiche Lautstärke melden, muss sie nur noch geradeaus gehen, um

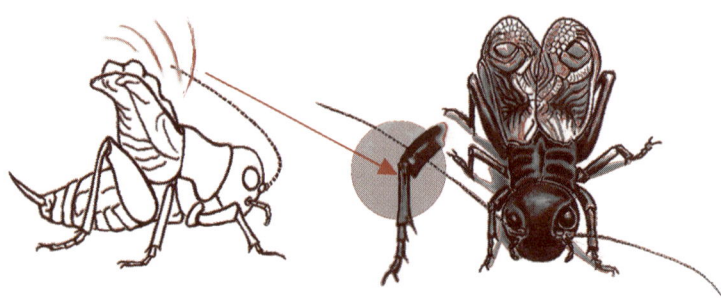

Verständigung nach Grillenart: Das Ohr sitzt im Vorderbein.

auf das singende Männchen zu treffen. Dabei helfen auch Vibrationen des Untergrunds, die das eifrig schrillende Männchen erzeugt und das Weibchen wahrnimmt.

Wer Lärm macht, läuft allerdings auch Gefahr, dass er andere anlockt als die begehrten Weibchen der eigenen Art. Die Raupenfliege *Ormia ochracea* legt ihre Larven auf eine zirpende Grille oder direkt daneben. Die Larven sind Parasitoide: Sie fressen die unfreiwilligen Wirte von innen langsam auf. Ihr Leben bedeutet deren Tod.

Grillen findet man am einfachsten, indem man ihrem Zirpen folgt. *Ormia* hört mit einer hinter dem Kopf verborgenen Aufwölbung unter der Vorderbrust. Besonders leistungsfähig ist das Hörorgan im Bereich genau der Tonhöhen, die Grillen produzieren. Allerdings: Das Wahrnehmen von Tönen allein hilft nicht viel. Um ein Ziel zu erreichen, muss die Richtung geortet werden, aus der es schallt. Dazu braucht man zwei „Ohren". Liegt die Schallquelle seitlich, erreichen die Töne zunächst das eine Ohr, erst später das andere. Aus der kleinen Zeitdifferenz – wir kennen das bereits – errechnet das Nervensystem die Lage der Schallquelle. Das geht umso besser, je weiter die beiden „Ohren" voneinander entfernt sind.

Und hier liegt das Problem der winzigen Raupenfliege: Ihre Trommelfelle sind grade 0,5 mm auseinander. Selbst wenn die Töne genau von der Seite kommen, verstreichen nur 1,5 Millionstel Sekunden (1,5 µs), bis der Schall den Weg vom einen zum anderen Ohr zurückgelegt hat. Und diese Zeit wird immer kürzer, je weiter die Schallquelle nach vorne (oder hinten) bewegt wird. Ertönt der Schall dann direkt von vorne (oder hinten), ergibt sich natürlich gar keine Zeitdifferenz – auch das eine klare Information über die Lage der „Lautsprecher".

Versuche haben ergeben, dass *Ormia* sogar noch in der Lage ist, eine seitliche Abweichung von 1–2 Grad von der Mittellinie richtig orten zu können. Ganze 50 Milliardstel Sekunden (50 ns) liegen dann zwischen der Ankunftszeit des Schalls an den beiden Hörorganen! Diese nahezu unglaubliche Leistung lässt sich nur durch einige komplizierte Anpassungen erklären.

So sorgt eine mechanische Koppelung der beiden Trommelfelle dafür, dass sie unterschiedlich vibrieren, wodurch auch die maximale Zeitverzögerung ihrer Reaktion von 1,5 auf 55 µs gesteigert wird. Ein weiterer Zeitgewinn entsteht dadurch, dass die zuständigen Nervenzellen die Weiterleitung der Impulse etwas verzögern. Bei seitlicher Beschallung ist die Reaktionszeit der Nervenzellen auf der abgewandten Seite sechsmal länger als die auf der zugewandten Seite. Dadurch werden aus 55 µs Zeitunterschied glatte 300 µs!

Ormia schafft es also, durch zwei ganz unterschiedliche Tricks winzige Zeitunterschiede so zu verstärken, dass sie zur äußerst präzisen Orientierung taugen. Schlecht für die Grillen – aber vielleicht ein Vorbild für Hörgeräteakustiker!

Während *Ormia* lauscht, um Kinderstuben zu finden, hören andere Insekten, um Feinden auszuweichen. Viele Nachtschmetterlinge besitzen einfach gebaute Hörorgane an der „Taille", dort wo Brust und Hinterleib zusammenstoßen; bei anderen sitzen „Ohren" an der Basis des Rüssels. Wozu sie dienen, war lange unbekannt.

Die meisten Schmetterlinge erzeugen selber keine Laute und schienen auf Töne auch nicht zu reagieren – bis man sie eines Tages versuchshalber Ultraschall aussetze, was panische Reaktionen auslöste. Jetzt war klar, dass die „Ohren" der Nachtfalter dazu gebaut waren, Ultraschall wahrzunehmen. Damit verfügt der Schmetterling über ein Frühwarnsystem, das die sich nähernde Fledermaus rechtzeitig meldet, die mit ihrem Sonar auf Beutesuche unterwegs ist (→ S. 39). Schließlich gehören Fledermäuse zu ihren Hauptfeinden.

Besonders differenziert können die Falter nicht hören. Das „Ohr" der Eulenfalter zum Beispiel hat lediglich zwei auf Schall ansprechende Sinneszellen, von denen eine auf „laut", die andere auf „leise" eingestellt ist. Spricht „leise" an, bedeutet das: die Fledermaus ist noch weit. Der Falter sucht sein Heil in der Flucht, weg von der Schallquelle. Meldet „laut" sich, heißt das: akuter Fledermaus-Alarm. Jetzt sollen unregelmäßiger Flug und gezielte Abstürze in die schützende Vegetation dem Falter helfen, dem Zielsonar der Fledermaus zu entkommen.

Manche Bärenspinner allerdings haben das nicht nötig. Sie machen die Fledermäuse sogar mit Klicklauten auf sich aufmerksam – nicht weil sie lebensmüde sind, sondern weil sie schlecht schmecken. Diese vorsorgliche akustische Warnung entspricht der Warnfarbe vieler giftiger Tiere wie der Feuersalamander oder Wespen. Und einige andere Nachtfalter stoßen, wie die Fledermäuse selbst, sogar Ultraschall-Laute aus. Klassische Störsender, die dem gefährlichen Jäger vielleicht signalisieren, dass hier keine Beute, sondern eine andere Fledermaus unterwegs ist.

Fledermäuse und ihre Beute, die Nachtfalter, sind auf Gedeih und Verderb aneinander gebunden. Gegen die raffinierten Suchstrategien der Fledermäuse entwickeln die Falter Gegenmaßnahmen, die wiederum von den Jägern nach Möglichkeit erkannt und überwunden werden müssen – ein klassisches Beispiel einer Rüstungsspirale, in Biologenkreisen als Co-Evolution eines Räuber-Beute-Systems bekannt.

Insgesamt können wir Gehörorgane bei Insekten an zehn verschiedenen Körperteilen finden – ein Zeichen dafür, dass sie im Lauf ihrer Evolution mehrmals unabhängig voneinander entstanden sind. Wenigstens ein Beispiel sei noch genannt: Vielleicht sind Ihnen auch schon die riesigen büschelförmigen Fühler mancher Stechmücken aufgefallen. Wenn ja: Hier haben Sie ein Männchen vor sich, das nicht an Blut, sondern nur an Weibchen interessiert ist. Ganz sicher kennen Sie das nervtötende Sirren eben dieser Stechmückenweibchen. Was uns um den Schlaf bringt, ist Musik in den Ohren der Männchen. Und diese Ohren sitzen in den Fühlern!

Der ganze, reich gefiederte Fühler sitzt auf einer beweglichen Platte, deren Bewegungen von Sinneszellen registriert werden. Schallwellen bringen ihn ebenso zum Schwingen wie Wind, und sei es der Fahrtwind, der beim Fliegen entsteht. Der „Fühler" der Stechmücken-Männchen entpuppt sich damit auch als „Hörer", Windmesser und Tachometer. Vielleicht sollte man sich vor dem nächsten Schlag wirklich kurz überlegen, welches Wunderwerk man da zu zerstören im Begriff ist!

Fledermäuse: mit den Ohren „sehen"

Es dämmert. Die Großen Mausohren im Dachstock des alten Pfarrhauses werden unruhig. Sie strecken sich und gähnen; dabei werden ihre nadelspitzen Zähne sichtbar: Insektenfresser-Gebisse. Auch die Kotreste unter ihrem Tagesversteck verraten ihre kulinarische Vorliebe. Sie enthalten zahlreiche Reste glänzender Käferflügeldecken, Bruchstücke von Beinen und Krallen: Am Boden gegriffene Lauf- und Mistkäfer gehören zu ihrer Lieblingsbeute. Daneben stehen alle möglichen anderen nächtlichen Flatterer auf dem Speiseplan: Mücken, Eintagsfliegen, Köcherfliegen, vor allem aber Schmetterlinge. Den dicken Käfern und den oft kräftig gebauten, schweren Nachtfaltern lohnt sich nachzustellen. Schließlich muss ein 30–40 Gramm schweres Mausohr jede Nacht etwa 10–15 Gramm Nahrung erbeuten. Eine nur wenige Milligramm schwere Mücke taugt da allenfalls als Dessert.

Jetzt lassen sich immer wieder Fledermäuse fallen, drehen einige flatternde Runden durch das Dunkel des Dachstuhls und verlassen ihn dann durch ein zerbrochenes Dachfenster. Die Jagd beginnt, das Sonar (**so**und **na**vigation and **r**anging) wird eingeschaltet: Das Mausohr beginnt zu rufen und die Echos seiner Rufe aufzufangen und auszuwerten – eine biologische Variante des Echolots also. Vorher, auf vertrauten Pfaden, war die Fledermaus im „Blindflug" unterwegs, so wie sich unsereins im nächtlichen Haus zurechtfindet, ohne Licht anmachen zu müssen. Deshalb lassen sich Fledermäuse hier auch mit Netzen fangen, was kaum gelingt, wenn sie auf der Jagd sind.

Enorm laut sind die Schreie, die das Mausohr jetzt ausstößt: über 100 Dezibel (db). Manche Arten kommen gar auf 120 db, gemessen 10 cm vor dem Mund – die Lautstärke eines Presslufthammers. Zu hören ist aber nichts. Die Ortungsrufe der Fledermäuse liegen zum Glück oberhalb unserer Hörgrenze im Ultraschallbereich.

Das hat seine Gründe: Hohe Töne pflanzen sich viel stärker gerichtet fort als tiefe, die sich zu weit ausbreiten und deshalb nur ein diffuses Echo erzeugen (wovon sich jeder am nächsten Waldrand überzeugen kann). Damit lassen sich keine hinreichend genauen Informationen gewinnen. Dazu kommt ein zweiter Effekt: Je kürzer die Wellenlängen (das heißt, je höher der Ton), umso kleiner können die Gegenstände sein, die ein Echo erzeugen.

Damit wird klar, warum Sonar mit Ultraschall arbeitet. Schließlich gilt es winzige Insekten zu orten und zu verfolgen. In Versuchen mit Drähten, die kreuz und quer durch den Flugraum gespannt waren, gelang es manchen Fledermausarten noch, im wahrsten Sinne des Wortes, haarfeine Fäden von 0,08 mm Stärke zu erkennen und zu vermeiden! Unsere Haare sind 0,05–0,1 mm dick. Einen gravierenden Nachteil hat Ultraschall allerdings: Hohe Frequenzen werden schnell gedämpft. Die Echoortung funktioniert deshalb nur im Nahbereich bis etwa 30 Meter.

Der Ruf des Mausohrs sinkt von 100 000 auf 30 000 Hertz (Hz = Schwingungen pro Sekunde); unsere Hörgrenze liegt bei maximal 16 000 Hz, beim Erwachsenen meist nicht über 10 000 Hz. Der Schrei dauert nur etwa 3 Tausendstel Sekunden (Millisekunden; ms). Schließlich soll er möglichst zu Ende sein, wenn das viel leisere Echo eintrifft.

Schall legt (in Luft) 334 Meter pro Sekunde zurück. Der Sonar einer Fledermaus arbeitet im Nahbereich von wenigen Metern. Entsprechend schnell treffen die Echos ein: Ist das angepeilte Objekt 5 m entfernt, kommt das Echo nach 30 ms wieder an, bei einem Abstand von 10 cm bereits nach 0,6 ms. Zeitdifferenzen von 0,01 bis 0,05 ms sind für Fledermäuse noch wahrnehmbar – Menschen schaffen nur etwa 1 ms.

Ein bis zwei solcher Ortungsrufe pro Flügelschlag genügen, um dem Mausohr beim Flug in freiem Gelände genügend Informationen über seine Umgebung zu übermitteln. Jetzt aber nähert sich die Fledermaus dem Waldrand. Sofort steigert sie ihre Ruffolge und als nun gar ein unbekanntes Flugobjekt ihre Bahn kreuzt, sendet sie weit über 100 Schreie pro Sekunde aus. Schließlich gilt es nun, in Blitzesschnelle die richtigen Daten zu erfassen: Ist, was da fliegt, fressbar – das lässt sich aus der Größe und dem durch die Flügelschläge der Insekten typisch veränderten Echo erschließen? Welche Flugbahn und welche Geschwindigkeit hat es? Wie sieht die Umgebung aus? Welche Flugmanöver sind nötig und möglich, um erfolgreich zuzuschnappen?

Da manche Nachtfalter hören, wenn sie ins Fadenkreuz einer Fledermaus geraten (→ S. 37), sind äußerst schnelle Reaktionen der Schlüssel zum Erfolg. Der menschlichen Beobachtern als flatterhaft und hektisch erscheinende Flug des Mausohrs offenbart erst in der Zeitdehnung seine fabelhafte Präzision.

Wie das geheimnisvolle Ortungssystem der Fledermäuse funktioniert, wurde spät entdeckt. Zwar hatte bereits vor über 200 Jahren der berühmte Naturwissenschaftler Lazzaro Spallanzani in Padua beobachtet, dass Eulen sich zwar in einem von Kerzenlicht erhellten Raum sicher bewegten, bei völliger Dunkelheit aber den Flugbetrieb einstellen mussten. Fledermäuse dagegen könnten ganz „ohne Licht sehen", wie er verblüfft notierte.

Sein Kollege Lous Jurine in Genf griff die Ergebnisse auf. Er wies nach, dass sich geblendete Fledermäuse ebenso gut orientieren können wie solche mit intakten Augen, dass aber Tiere, denen er die Ohren mit Wachs verstopft hatte, kläglich scheiterten.

Einen pfiffigen Versuch, diese Ergebnisse zu überprüfen und auszuschließen, dass die Fledermäuse von den Ohrstöpseln so genervt waren, dass ihre Orientierungsfähigkeit beeinträchtigt war, unternahm nun wiederum Spallanzani: Er verschloss allen seinen Versuchstieren die Ohren, überbrückte die Hörblockade bei einigen aber mithilfe eines kleinen Messingröhrchens wieder. Und siehe da: Letztere eckten nirgends an, während Erstere orientierungslos waren. Jurines Resultate bestätigten sich also: Fledermäuse „sehen" tatsächlich mit den Ohren!

Weil man damals aber noch keinerlei Vorstellungen davon hatte, wie das funktionieren sollte, dauerte es über 150 Jahre, bis das Rätsel endgültig gelöst wurde. Inzwischen war das Echolot erfunden worden und damit eine technische Möglichkeit, die Umwelt im Dunkeln zu erkunden. Warum sollten Tiere sich das nicht ebenso zunutze machen?

Im Jahr 1938 kam ihnen Donald Griffin mit Hilfe eines Ultraschallmikrofons auf die Spur. Erste Versuche mit Fledermäusen, denen man das Maul verschloss, zeigten, dass stumme Flattermänner

*Verräterisches Echo: Die durch Mund oder Nase ausgestoße-
nen Ortungslaute werden von der Umgebung zurückgeworfen.*

sich nicht mehr orientieren konnten – damit war endlich erklärt, was Spallanzani bereits 1793 beobachtet hatte.

Ultraschall in hörbare Töne übersetzende „Bat-Detektoren" (engl. bat = Fledermaus) werden heute oft eingesetzt, um die Fledermausfauna eines Gebietes zu erfassen. So wie sich Vögel an Gesängen und Rufen unterscheiden lassen, kann man auch Fledermausarten an ihren Lauten sicher identifizieren. Erst kürzlich gelang es, mit dieser Methode sogar nachzuweisen, dass sich hinter der kleinsten Fledermausart Mitteleuropas, der knapp daumenlangen Zwergfledermaus, ein heimlicher Doppelgänger versteckte. Verraten haben die Mückenfledermaus, wie diese Art nach ihrer kulinarischen Vorliebe genannt wurde, ihre abweichenden Ortungslaute.

Und noch etwas verraten die Ultraschallmikrofone: Nicht alle Fledermäuse stoßen kurze, abfallende Schreie aus, wie oben fürs Mausohr geschildert. Die Hufeisennasen senden durch ihren merkwürdig geformten, häutigen Nasenaufsatz einen stark gerichteten, lang anhaltenden Peilton mit konstanter Frequenz, die erst gegen Ende schnell absinkt. Bei der Großen Hufeisennase, einer in Deutschland einst häufigen, inzwischen aber fast vollständig ausgestorbenen Art, hat dieser Ton eine Frequenz von genau 83,3 Kilohertz (kHz). Wie aber schafft sie es, neben diesem enorm lauten Schrei die zarten, gleichzeitig eintreffenden Echos wahrzunehmen?

Hier brauchen wir etwas Physik: Jeder von uns kennt den Klang einer Feuerwehr im Einsatz. Sie nähert sich mit hell tönendem Martinshorn, das ab dem Augenblick,

Hufeisennasen bündeln Schallsignale durch ihren Nasenaufsatz.

in dem sie vorbeigerast ist, deutlich tiefer klingt. Dieser Effekt entsteht dadurch, dass die Schallquelle sich zunächst rasch nähert und die Schallwellen dadurch „zusammengedrückt" werden. Der Ton wird höher. Umgekehrt werden die Schallwellen „auseinander gezogen", sobald das Auto sich wieder entfernt. Der Ton wird tiefer.

Eben diesen Effekt nutzen die Hufeisennasen. Messungen haben ergeben, dass ihr Ohr für Frequenzen von 83,3 kHz extrem empfindlich ist – doppelt so empfindlich wie für die kaum abweichende Frequenz von 83,2 kHz und tausendmal empfindlicher als für 82 kHz. Fliegt die Fledermaus auf ein Hindernis zu und stößt ihren Ortungsruf von 83,3 kHz aus, ist das Echo höher (denken Sie an das Martinshorn!). Die Fledermaus senkt nun die Frequenz ihres Ortungslautes so weit, dass das Echo genau 83,3 kHz aufweist. Damit trifft das leise Echo auf die maximale Empfindlichkeit des Ohrs, während der laute Ortungsruf nur leise wahrgenommen wird.

Das Sonar der Hufeisennasen ist sogar in der Lage, an der unterschiedlichen Flügelschlagfrequenz und dem Klang des Echos selbst einzelne Insektenarten zu erkennen. Ein großer Käfer oder ein winziger Schmetterling? Eine wichtige Frage, denn schließlich muss sich die Anstrengung der Jagd auch lohnen!

Wer erschöpfend über die Echoortung der Fledermäuse berichten wollte, könnte allein damit mehrere Bücher füllen. Hier sei nur noch angemerkt, dass sich keineswegs alle der knapp 1000 Fledertierarten (Ordnung Chiroptera) auf diese Weise orientieren können. Die Fledermäuse (Unterordnung Microchiroptera) verfügen zwar ausnahmslos über Sonar, unter den Flughunden (Unterordnung Megachiroptera) nutzen aber nur die Höhlenflughunde der Gattung *Rousettus* ein Sonar. Sie erzeugen den Schall nicht mit der Stimme, sondern durch Zungenschnalzen.

Übrigens lauschen manche Fledermäuse nicht nur dem eigenen Echo. In den südamerikanischen Tropen jagt *Trachops cirrhosus*

Frösche, die quakend im Geäst ein Weibchen auf sich aufmerksam machen wollen und dadurch ungewollt auch den Tod locken. Dabei wissen die Fledermäuse durchaus zwischen den Rufen leckerer Frösche und denen ungenießbare Kröten zu unterscheiden. Mit dem Effekt, dass sich inzwischen manche Froscharten akustisch als „Kröte" tarnen ...

Vögel und Delfine: Nicht nur Fledermäuse benutzen Sonar

Manche elegante Problemlösung entstand im Lauf der Evolution mehrmals unabhängig voneinander bei verschiedenen Tiergruppen. So auch die Sache mit dem Sonar. Mit Echoortung orientieren sich außer den Fledermäusen einige Spitzmäuse (wie die Fledermäuse trotz ihres Namens keine Mäuse) und andere Kleinsäuger, wenige Vogelarten und die Zahnwale. Und sogar ein Fisch. Der im Atlantik vorkommende, bis 70 cm lange Wels *Arius felis* erzeugt nachts Laute, die er mithilfe seiner Schwimmblase verstärkt. Tagsüber scheinen sich die Fische mit den Augen zu orientieren, bei Dunkelheit helfen die Echos der Laute, Hindernisse zu vermeiden.

Ganz kurz zu den Vögeln. Bekanntestes Beispiel ist der Öl- oder Fettschwalm. Er brütet in tiefen Höhlen im tropischen Mittel- und Südamerika, die er nur nachts verlässt, und verschafft sich dort mit Serien von wenigen Millisekunden dauernden klickenden Lauten, die 3–20mal pro Sekunde ausgestoßen werden, Überblick im Dunkeln. Die Frequenz der Klicklaute liegt zwischen 2000 und 10 000 Hz, also vollständig im für den Menschen hörbaren Bereich.

Seinen einheimischen Namen Guacharo (Schreier) verdankt der vermutlich nahe mit den Ziegenmelkern verwandte, taubengroße Fettschwalm dem gewaltigen Lärm, der in aufgescheuchten Brutkolonien herrscht; den deutschen Namen der Tatsache, dass die Nestjungen von ihren Eltern regelrecht gemästet werden. Bevor ihnen die Schwungfedern wachsen, wiegen sie doppelt so viel wie die Erwachsenen – Zeit für die Ernte: Selbst heute noch werden die fetten Nestjungen der Koloniebrüter zur Speiseölgewinnung eingesammelt.

Auch die zweite Vogelgruppe, für die Echoorientierung nachgewiesen ist, gehört zu den unfreiwilligen Delikatessenlieferanten. Es sind die südostasiatischen Salanganen, Verwandte unseres Mauerseglers, deren aus Speichel gebaute Nestnäpfchen als „Schwalbennester" geerntet und gegessen werden. Wie die Fettschwalme brüten auch die Salanganen in großen Kolonien in Höhlen und orientieren sich über die Echos hörbarer Klicklaute.

Von weit größerer Bedeutung ist Echoortung für Wale, genauer gesagt, für die Zahnwale. Dazu gehört die überwiegende Zahl der Wale, nämlich etwa 80 Arten. (Die restlichen zehn Arten gehören zu den Bartenwalen.) Zahnwale, deren größter der Pottwal und deren bekanntester der Delfin ist, orientieren sich wie Fledermäuse mithilfe eines Ultraschall-Sonars.

Gut erforscht ist das besonders bei Delfinen. Über Dressurversuche lässt sich herausfinden, was die Tiere zu erkennen und zu unterscheiden in der Lage sind. Unglaublich, wie fein ein Delfin hört! Wie eine Fledermaus kann er aufgespannte Fäden vermeiden; er schafft es, Größendifferenzen von wenigen Millimetern zu erkennen und er merkt im Definarium, ob ein angebotener Futterfisch auch wirklich noch ganz frisch oder schon etwas älter ist.

Hören unter Wasser ist allerdings mit einigen Schwierigkeiten verbunden. Im Wasser dringt der Schall nämlich widerstandslos durch die Weichteile des Kopfes und bringt die Schädelknochen zum Schwingen. Damit kommt der Schall gleichzeitig bei beiden Ohren an. Der Ton wird zwar wahrgenommen, nicht aber die Richtung, aus der er kommt. Sie können das leicht selber nachprüfen, indem Sie im Schwimmbad unter Wasser versuchen, einen Ton zu orten!

Ein „Trick" ermöglicht den Walen die genaue Ortung einer Schallquelle: Die dickwandige Knochenkapsel, die das Mittel- und Innenohr umgibt, ist durch Lufträume und Fettgewebe vom Schädel isoliert. Deshalb können sich Schwingungen vom Schädel nicht mehr aufs Ohr übertragen. Von der Seite kommender Schall erregt zuerst das eine und erst kurze Zeit später das andere Ohr. Der winzige Zeitunterschied genügt, um die Herkunft der Schallwellen zu orten – wir kennen das bereits vom Bein des Heupferds und dem Hörorgan der Raupenfliege *Ormia* (→ S. 36).

Delfine sind faszinierende Wesen; manch einem erscheinen sie mit ihrem hoch entwickelten Sozialsystem und dem unabänderlichen Dauerlächeln fast als die besseren Menschen. Kein Wunder, dass sie zu den Lieblingen vieler Biologen gehören, und umso erstaunlicher, dass zahlreichen Studien zum Trotz immer noch unklar ist, wie ihr Sonar genau funktioniert.

Wir wissen, dass Delfine enorm hohe Töne aussenden können. Bis zu 280 kHz wurden gemessen. (Sie erinnern sich: die Hörgrenze eines jungen Menschen liegt bei 20 kHz.) Solche hohen Frequenzen – sprich: kurze Wellenlängen – geben äußerst genaue Informationen über den Nahraum. Zur Groborientierung senken die Meeressäuger die Sendefrequenz. Das Gezwitscher, das „Flipper" hören lässt, dient aber der Kommunikation und nicht der Ortung. Es entsteht, wenn Luft durch die Nasenöffnung pfeift – Zahnwale haben keine Stimmbänder.

Wo die Ultraschall-Laute erzeugt werden, wissen wir nicht genau. Vermutlich werden sie durch die Fettlinse der Melone, die dem Zahnwalkopf die sympathisch gewölbte Stirn gibt, gebündelt und abgestrahlt. Und schließlich ist auch nicht klar, wie das Echo wieder aufgefangen wird. Vielleicht leiten Öl- und Fettkanäle im Unterkiefer den Schall in Richtung Innenohr.

Wie dem auch sei: Dass Echoortung für Tiere, die einen großen Teil ihres Lebens dort verbringen, wo Licht knapp ist oder gar fehlt, eine sinnvolle Einrichtung ist, ist unbestritten. Und immer wieder wird ein Zusammenhang vermutet zwischen den rätselhaften Strandungen von Walen und einer Fehlfunktion des Sonars. Die ständig steigende Lärmbelastung der Ozeane z.B. durch weit hörbare, laute Schiffsmotoren könnte dabei eine Rolle spielen, vielleicht in Form eines „Disco-Effekts", der durch Dauerbeschallung die Empfindlichkeit des Gehörs schädigt.

Delfine – Orientierung per Sonar

Militärische Abwehrsysteme zum Aufspüren feindlicher Unterseeboote gründen zum Teil auf ähnlichen Techniken, wie sie die Wale verwenden, mit dem Unterschied, dass die verwendeten, extrem starken, Schallwellen niederfrequent sind, weil sie dadurch weiter tragen. Die Druckwellen sind so stark, dass Lebewesen in der unmittelbaren Umgebung der Sender getötet werden; eine Auswirkung auf das empfindliche Sonar der Zahnwale auch noch auf weite Distanzen gilt als wahrscheinlich.

Elefanten-Telefon

Was hören Sie zuerst, wenn sich von Ferne eine Musikkapelle nähert? Richtig: Die dumpfen Paukenschläge und Tubaklänge. Erst später werden diese von den schrillen Trompeten und Klarinetten überlagert, die dominieren, wenn die Kapelle vorbeizieht. Also: Mögen die hellen, hohen Klänge noch so laut sein, die tiefen tragen wesentlich weiter und eignen sich deshalb besser zur Kommunikation über weite Strecken – vorausgesetzt, man bringt die Schwingungen mit entsprechender Energie auf den Weg.

Elefanten tun das: Ihr Grollen lässt nicht nur eine oberhalb der Rüsselbasis angelegte Hand vibrieren, sondern löst selbst auf einige Entfernung noch das geheimnisvolle „Elefantenzittern" in unmittelbarer Nähe wilder Herden aus. Großwildjäger und Tierfänger berichten darüber zwar schon lange; früher wurde das aber gerne als Jägerlatein abgetan. Schließlich sei es kein Wunder, wenn einen angesichts der grauen Riesen das Zittern befalle … Die sehr lauten (85 bis 90 Dezibel) und energiereichen Schallwellen liegen mit 13–24 Hz zum größten Teil unterhalb des menschlichen Hörbereichs, im Infraschall also (20 Schwingungen pro Sekunde – also 20 Hz – und weniger).

Mit Experimenten in Afrika wurde nachgewiesen, dass sich Elefanten nicht nur innerhalb ihrer Herde mit dem teilweise unhörbar tiefen Grummeln (14–35 Hz) unterhalten, sondern tatsächlich Tele-

Kommunikation über mehrere Kilometer hinweg betreiben können. Bis zu zehn Kilometer tragen die Schallwellen und lassen sich auch von dichter Vegetation nicht bremsen – ein großer Vorteil für die Regenwaldelefanten Afrikas und Indiens.

Auf der Suche nach den Grundlagen der Orientierung von Zugvögeln (→ S. 17) hat man übrigens auch das Hörvermögen von Brieftauben getestet – und siehe da: sie sind tatsächlich in der Lage, sehr viel tiefere Töne wahrzunehmen als wir. Sie hören Infraschall bis hinunter zu Frequenzen von 0,05 Hz, das sind eine Schwingung in 20 Sekunden oder drei Schwingungen pro Minute.

Solche niederfrequenten, äußerst energiereichen Schwingungen entstehen in der Natur an vielen Stellen, wenn Strahlströme durch die obere Atmosphäre ziehen, starke Winde über Gebirge streichen, an Meeresküsten oder wenn Gewitter toben. Schon denkbar, wenn auch bis heute nicht nachgewiesen, dass solche Infraschallmuster den Zugvögeln Anhaltspunkte zur Orientierung geben. Und vielleicht lässt sich über die Wahrnehmung von Infraschall eines Tages auch die „Erdbebenfühligkeit" vieler Tiere erklären.

Hören oder Fühlen?

Es sei nicht verschwiegen, dass wir es uns mit unserer Definition des Hörens zu Beginn des Kapitels auf Seite 29 allzu einfach gemacht haben. Die regelmäßigen Verdichtungswellen, die wir als Schall bezeichnen, pflanzen sich schließlich nicht nur in Luft, sondern auch in Wasser fort – was sich leicht im Schwimmbad überprüfen lässt – und überbrücken sogar Feststoffe.

Schlangen zum Beispiel gelten als stocktaub; eine Ohröffnung fehlt ihnen ebenso wie ein Trommelfell. Dafür können sie feinste Erschütterungen des Bodens wahrnehmen. Vielleicht dadurch, dass niederfrequente Schallwellen vom Untergrund über den Unterkiefer auf das durchaus funktionsfähige Innenohr übertragen werden – eine sehr eigenartige Form des „Hörens". Schwierig wird es auch, wenn Druckwellen von Organen wahrgenommen werden, die nicht als typische Ohren gelten.

Wenn Schwarmfische in gleichem Abstand schwimmend in perfekter Choreographie ihr „Unterwasserballett" aufführen, hilft ihnen dabei ihr Seitenlinienorgan, ein wassergefüllter und sich mit feinen Poren nach außen öffnender Längskanal in den Flanken. Seine Sinneszellen registrieren feinste Druckschwankungen im Wasser. Während ein blinder Fisch problemlos mithalten

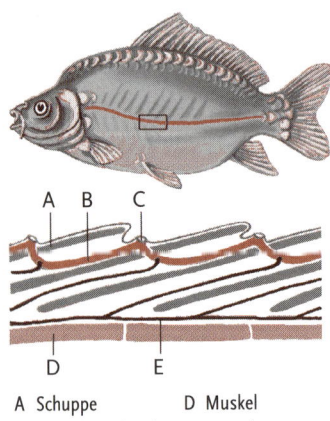

A Schuppe
B Seitenlinienkanal
C Pore des
  Seitenlinienkanals
D Muskel
E Seitenliniennerv

Ein Fühler für feinste Druckschwankungen: das Seitenlinienorgan

kann, gerät einer mit defektem Seitenlinienorgan aus dem Takt. Ob ein Fisch die Druckwellen mit diesem Seitenlinienorgan „hört" oder „fühlt"? Eine Frage, die unmöglich zu beantworten ist, da uns selbst eine solche Sinneswahrnehmung völlig fremd ist. Weil Fische auch über schallempfindliche „echte" Ohren verfügen, sind wir geneigt, das Seitenlinienorgan als Fernfühler zu betrachten, auch wenn eine logische Begründung dafür schwer fällt.

Als ähnlich feinfühlig wie viele Fische haben sich übrigens auch andere wasserlebende Tiere erwiesen. Alligatoren zum Beispiel lauern nächtens halb untergetaucht auf Beute, die sich meist von Land nähert. Ein einziger fallender Wassertropfen genügt, um die gepanzerten Echsen zielsicher in Bewegung zu setzen. Sensoren auf dem Unterkiefer und im Maul sprechen auf leiseste Wasserbewegungen an und orten deren Herkunft.

Und wenn Seehunde im Trüben fischen oder im Dunkeln unterwegs sind, verrät ihnen ihr auffälliger „Seehundsbart", wo die Jagd lohnt. Die Schnurrhaare nehmen noch Wasserbewegungen von weniger als einem Tausendstel Millimeter wahr. Auch wenn Fische äußerst strömungsgünstig gebaut sind, hinterlassen sie im Wasser doch eine Spur von Verwirbelungen, die dem Seehund dank seiner empfindlichen Barthaare noch einige Minuten später die Verfolgung ermöglichen.

Auch Seekühe oder Sirenen, die zweite Säugetiergruppe neben den Walen, die so vollkommen an das Leben im Wasser angepasst ist, dass sie das nasse Element nie verlässt, erhalten über die spärlichen Reste ihrer Körperbehaarung Informationen. Wasserströmungen und durch andere Schwimmer verursachte Druckschwankungen biegen die Haare, deren Basis von einem dichten Nervengeflecht umgeben ist. Da Seekühe oft in trüben Küstengewässern oder in sedimentbeladenen Flüssen unterwegs sind, bietet der Ganzkörper-Ferntastsinn sicher eine gute Orientierungshilfe.

Tasten

Hören und Fühlen – für uns Men-   schen deutlich verschiedene Dinge – lassen sich nicht   immer konsequent und sauber trennen. Soviel hat das   vorige Kapitel bereits ergeben, und auch die gängigen Lehrbücher der Tierphysiologie tragen dem natürlich Rechnung. Sie fassen als „mechanische Sinne" alle die zusammen, bei denen Reize durch die Verformung der Haut oder innerer Oberflächen oder durch die Verbiegung spezieller Sinneszellen oder ihrer Fortsätze wahrgenommen werden. Beim Hören der Säugetiere zum Beispiel werden Druckschwankungen auf das Trommelfell übertragen, über Gehörknöchelchen verstärkt und dann von speziellen Haarzellen in elektrische Nervensignale „übersetzt" – bis auf den letzten alles mechanische Vorgänge (→ S. 29).

Zu den mechanischen Sinnen zählen außerdem natürlich auch der eigentliche Tastsinn, der Verformungen der Oberfläche registriert, aber auch der Schweresinn, der uns sagt, wo oben und unten ist, und der bei Wirbeltieren eng mit dem Trägheitssinn verbunden ist (der uns nicht etwa zum täglichen Mittagsschläfchen verleitet, sondern wie der Schweresinn wichtige Informationen zur Orientierung im Raum vermittelt).

Menschen nehmen Tastreize auf der ganzen Hautoberfläche wahr. Allerdings ist diese nicht überall gleich empfindlich. Im Selbstversuch lässt sich das leicht herausfinden: Wer sich vorsichtig mit einer dünnen Borste über die Haut fährt, bemerkt zweierlei. Erstens, dass sich die Empfindlichkeit nicht vollkommen flächig auf die gesamte Haut erstreckt, sondern in „Tastpunkten" konzentriert. Und zweitens, dass solche Tastpunkte sehr unterschiedlich dicht liegen. Während die Fingerbeere des Menschen mit etwa 200 Tastpunkten pro Quadratzentimeter äußerst dicht besetzt ist, was uns beim „Begreifen" zugute kommt, sind andere Körperteile viel lockerer bestückt. Hier gelingt es zum Beispiel bei der Akupunktur, dünne Nadeln so zu platzieren, dass sie keinen Tastpunkt berühren und damit kein Schmerzreiz ausgelöst wird.

Klammeraffe: Die Spitze seines Greifschwanzes ist extrem tastempfindlich.

Im einzelnen sind die „Berührungsmelder" sehr verschiedenartig gebaut und sprechen zum Teil auch auf unterschiedliche Reize an: auf Druck, auf Berührung oder auf Vibration. Auch die Art der Übermittlung ans Nervensystem ist nicht immer gleich. Das ist zum Teil verantwortlich für die sehr verschiedenen Empfindungen, die unser Tastsinn übermittelt.

Bei Primaten (also den Affen einschließlich uns Menschen) spielt die Leistenhaut der Handflächen und vor allem der Fingerspitzen eine besonders große Rolle beim Fühlen. Bei einigen südamerikanischen Affen überzieht eine solche Leistenhaut sogar die haarlose Unterseite der Schwanzspitze, die dann nicht nur zum Festhalten dient, sondern auch, einer fünften Hand gleich, präzise Informationen übermittelt. Bei zahlreichen anderen Säugetieren liegen die tastempfindlichsten Bereiche dagegen am Kopf.

Ein Tastkünstler besonderer Art ist der Sternmull, ein nordamerikanischer Verwandter unseres Maulwurfs. Seine Nase liegt inmitten eines rosaroten Sternchens aus 22 Tasttentakeln, mit denen er die Umgebung pausenlos und atemberaubend schnell abtastet. Die Tentakel sind mit noppenartigen Tastrezeptoren dicht gepflastert, den nur bei Maulwürfen vorkommenden Eimerschen Organen. In jedem dieser Organe befinden sich drei Tastrezeptoren: direkt an der Spitze einer, der mit verdickten Nervenfaserenden die Oberflächen von Objekten extrem genau erfasst, darunter einer, der länger anhaltenden Druck meldet und ganz unten einer, der auf Vibrationen anspringt.

Über 25 000 dieser Kombi-Tastorgane sitzen auf den Tentakeln, obwohl deren Oberfläche keinen Quadratzentimeter einnimmt. Mehr als 100 000 Nervenfasern übermitteln Daten an die Großhirnrinde (bei der menschlichen Hand sind es knapp ein Fünftel). Besonders „scharf" tastet der Sternmull mit zwei kurzen, direkt über dem Maul liegenden Tentakeln. Im Gehirn ist für die Informationen, die aus diesen beiden kurzen Fortsätzen eingehen, ein wesentlich größerer Bereich reserviert als für die anderen.

Oft dienen lange Sinneshaare, deren Wurzel von Nervenendigungen umgeben sind, als Fühler dazu, den Tastreizes aufzunehmen und zu übertragen. Solche Schnurrhaare kennen wir von Katzen und Hasen, von Walrossen oder Fischottern, von Maulwürfen und Spitzmäusen. Zwar arbeiten sie gewöhnlich nur im Nahbereich und reagieren auf direkte Berührung. Das Beispiel Seehund (→ S. 53) zeigt aber, dass Tasthaare im Wasser auch als Fernfühler eingesetzt werden können.

Die afrikanische Otterspitzmaus macht es ähnlich. Sie ist überwiegend nachtaktiv und dann am Ufer

*„Unter einem guten Stern":
Seinem Tastorgan verdankt
der nahe mit unserem Maulwurf verwandte Sternmull
seinen Namen.*

kleiner Urwaldbäche und -flüsschen unterwegs. Immer wieder taucht sie die spitze, von zahlreichen sehr langen Tasthaaren umstandene Schnauze ins Wasser und registriert damit die verräterischen, durch Bewegungen von Wassertieren wie Fischen, Fröschen oder Krebsen ausgelösten Druckwellen.

Ganz ähnliche Tast„haare" wie viele Säugetiere haben übrigens auch zahlreiche Vögel. Erst ein sehr genauer Blick enttarnt diese „Haare" als speziell gebaute Federn. Vor allem bei Vögeln, die sich in dichter Vegetation bewegen wie zum Beispiel die Rohrsänger, umstehen solche steifen Federborsten den Schnabelgrund. Besonders lang und auffällig sind diese Tastfedern beim Kiwi, der nächstens durchs dichte Unterholz neuseeländischer Wälder streift.

*Der Kiwi hat haar-
ähnliche Federn am
Schnabelgrund.*

Sinneshaare in ganz verschiedenen Ausprägungen spielen auch in der uns so fremden Welt der Gliedertiere eine große Rolle. Sie alle, ob Insekten, Spinnentiere oder Krebse, haben einen harten Außenpanzer. Nicht überall wie bei uns, sondern nur dort, wo dieser Panzer verformbar ist, lassen sich Tastreize erspüren, und zumindest die Spinnentiere haben eigene Sinnesorgane entwickelt, um diese Verformungen zu messen.

Sehr häufig sorgen aber spezielle Haare für eine gezielte Informationsübermittlung. Das auf manche so eklig wirkende Haar- und Borstenkleid vieler Insekten und der meisten Spinnen steht oft überwiegend oder teilweise im Dienst der Kommunikation. Vor allem die Spinnen haben einen überaus feinen Tastsinn. Manche ihrer Haare sind äußerst raffiniert gebaut, um auch noch auf feinste Reize zu reagieren. Diese Becherhaare sind überaus dünn und lang, sitzen in der Mitte einer kreisrunden und hoch elastischen Gelenkmembran und registrieren selbst noch, wenn sie nur im Winkel von 0,5 Grad abgebogen werden. Besonders viele Becherhaare liegen an den Tastern vor der Mundöffnung und an den Endgliedern der Beine. Mit Letzteren werden vor allem über den Untergrund übertragene Vibrationen erspürt.

Falltürspinnen, die unterirdisch auf Beute lauern, können aus den vom „Stampfen" eines vorbeimarschierenden Käferchens erzeugten Erschütterungen auf Richtung und Entfernung der Beute schließen. Und die Beobachtung, dass Kreuzspinnen ebenso wie andere Radnetze bauende Arten sofort aus ihrem Versteck stürmen, sobald eine Fliege im Netz zappelt, hat wohl jeder schon gemacht. Rüttelt dagegen der Wind am Netz oder schlägt ein Ästchen dagegen, bleibt die Spinne sitzen.

An die Sensibilität seiner Wunschpartnerin appelliert auch manches der meist viel kleineren Männchen, das sich oft mit einem kleinen gezupften Solo auf den Saiten des Spinnennetzes ankündigt, um eine Chance als Paarungspartner zu bekommen und nicht gleich in Spinnseide eingewickelt in der Speisekammer zu landen.

Auch bei der Tapezierspinne, deren Weibchen viele Jahre einsam in einem schlauchförmigen Netz wohnt, das auf den ersten Blick einem Stückchen Fuchskot ähnelt, muss sich das Männchen durch einen speziellen Trommelwirbel zu erkennen geben. Sonst droht ihm das Schicksal anderer Spinnen oder Insekten, die ahnungslos über den Seidenschlauch marschieren: Plötzlich schlagen von unten her zwei tödliche Klauen durch das dichte Gespinst ...

Zarte Erschütterungen genügen der Tapezierspinne, um ihre Giftklauen sicher zu platzieren.

Ebenfalls tödlich kann es sein, den Kiefern einer Ameise der tropischen Gattung *Odontomachus* zu nahe zu kommen. Verteidigen die Arbeiterinnen ihr Nest, stürzen sie dem Feind mit weit geöffneten Kieferzangen entgegen. Wie der Abzugshahn einen Revolver auslöst, lässt die Berührung eines Tasthaars an der Basis der Kiefer dieselben zuschnappen. Innerhalb von maximal einer Tausendstel Sekunde schlagen die Zangen zusammen – wohl die schnellste Körperbewegung, die je im Tierreich gemessen wurde. Auch die Reaktionszeit ist enorm kurz. Ermöglicht wird das durch riesige Nervenzellen, die in Verbindung mit den Sinneshaaren stehen. Acht Tausendstel Sekunden braucht es, bis der Reiz vom Sinneshaar ans Gehirn gemeldet und dann an die Kiefernmuskeln weitergeleitet wird, um dort das ebenso blitzschnelle wie kräftige Zuschnappen auszulösen. Fasziniert schreiben die Ameisenforscher Hölldobler und Wilson, die Bewegung sei schneller als die einer abgeschossenen Gewehrkugel und genüge, um kleinere Insekten auf einen Schlag entzweizuschneiden.

Ähnliche, wenn auch im Detail anders gebaute und funktionierende Auslöser stehen auch an den Tentakeln der Nesseltiere, zu denen zum Beispiel Quallen, Polypen und Korallen gehören. Der Süßwasserpolyp ist ein festsitzendes, etwa ein bis zwei Zentimeter langes Tier, das in heimischen Teichen zwar häufig, wegen seiner durchsichtigen Gestalt aber schwierig zu finden ist. Er besteht aus einem schlanken Rumpf, dessen Öffnung (pikanterweise gleichzeitig Mund und After) von einigen langen Fangarmen umstanden wird.

Eifrig mit den gefiederten Antennen schlagend nähert sich ein Wasserfloh, ein millimetergroßer Kleinkrebs. Zufällig streift er eine der Tentakeln und bleibt sofort bewegungslos hängen. Ganz gemächlich bewegen die Tentakel anschließend die Beute in Richtung Mund. Was ist geschehen? Die Tentakel des Polypen enthalten ungefähr 32 000 etwa ein Hunderstel Millimeter große Nesselkapseln,

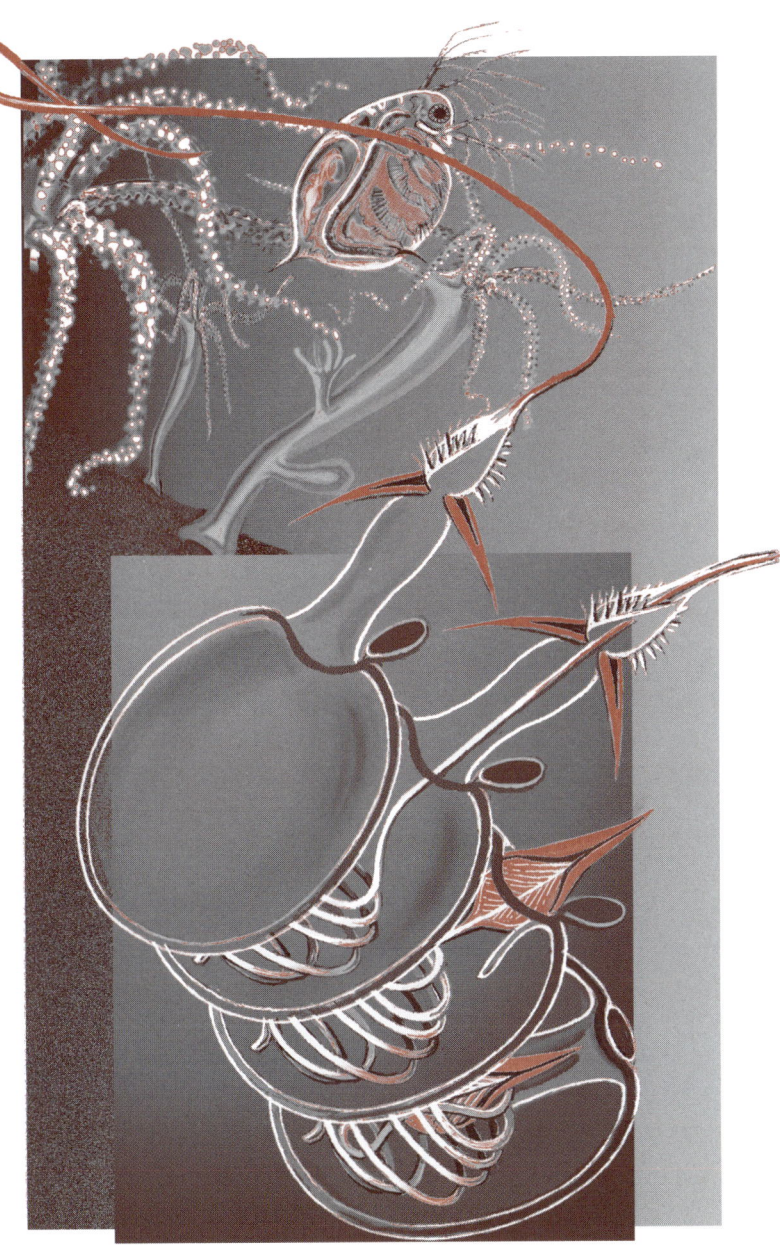

Ein Polyp macht Beute. Blitzschnell explodieren die Nesselkapseln, wenn Kleinkrebse wie der Wasserfloh sie berühren.

die sich bei Berührung ihres Auslösers sofort ausstülpen, sich spreizende Widerhaken in die Beute schlagen und durch einen hohlen Faden ihr lähmendes Gift entleeren, das bei Nesseltieren durchaus so stark sein kann, dass selbst Menschen Schmerz erleiden und ernsten Schaden nehmen können.

Auch die Explosion der Nesselkapseln zählt zu den schnellsten Vorgängen im Tierreich. Innerhalb einer Zweihundertfünfzigstelsekunde und mit einer Beschleunigung von 400 000 m/sec^2 stülpt sich das unter hohem Druck stehende Innere nach außen, ein Vorgang, dessen Ablauf sich erst mit dem Einsatz von Hochgeschwindigkeitskameras, die mehrere Tausend Bilder pro Sekunde machen, aufklären ließ. Nesselzellen sind übrigens Wegwerfartikel. Sie funktionieren nur ein einziges Mal; anschließend werden neue gebildet.

Der Tastsinn steht nicht selten auch im Dienst der Kommunikation. Bei den Spinnen haben wir das bereits kennen gelernt. Blattschneiderameisen, die bei ihren Erdarbeiten untertage gelegentlich verschüttet werden, erzeugen mithilfe einer waschbrettartigen Oberflächenstruktur zwischen Taille und Hinterleib ein schrillendes Geräusch, das man deutlich hören kann, wenn man es wagt, sich die lärmende Ameise direkt ans Ohr zu halten. Die Kolleginnen hören den Hilferuf allerdings nicht – sie fühlen ihn.

Auch hier zeigt sich also wieder die nahe Verwandtschaft von Hör- und Tastsinn. Die Schwingungen werden eben nicht nur als Schall durch die Luft übertragen, sondern auch als Vibrationen in der Erde weitergeleitet, wo sie mit den hochempfindlichen Ameisenbeinen wahrgenommen werden. Die Sinneszellen der Vibrationsorgane liegen knapp unterhalb der Kniegelenke. Unsere einheimischen Rossameisen schlagen die Köpfe auf den Boden, wenn Gefahr droht. Wieder sind es nicht die Geräusche der Klopfsignale selbst, sondern die Erschütterungen, durch die Nestgenossinnen alarmiert werden.

Manche Insekten der Wasseroberfläche unterhalten sich mit Wellen. Der Wasserläufer zum Beispiel, eine überaus häufige Wanzenart mit schlankem Körper und langen Beinen, von denen vor allem die mittleren und hinteren das Gewicht des Insekts auf eine große Fläche verteilen. Wellen sind für Wasserläufer äußerst informativ. Richtung, Stärke und Frequenz, gemessen über die (im nächsten Abschnitt kurz erläuterten) Veränderungen der Stellung seiner Gliedmaßen und Körperteile, verraten, ob und wo ein Beutetier ins Wasser gepurzelt ist oder ob sich vielleicht ein Feind nähert.

Die Höhenunterschiede, die dabei auftreten, sind äußerst gering. Wenige tausendstel Millimeter hohe Wellen„berge" genügen! Auch feine Zeitunterschiede werden registriert: Läuft eine Welle unter dem Wasserläufer durch, hebt sie natürlich zuerst die vorderen Beine, dann die mittleren und zuletzt die hinteren. Kommt sie quer, sind es entsprechend zunächst die linken, dann die rechten (oder umgekehrt).

Ein Zeitunterschied von ein bis vier Millisekunden zwischen dem Heben der Beine durch die Welle enthält schon die Informationen, die der Wasserläufer braucht, um sich in Richtung Beute zu orientieren. Darüber hinaus erzeugen manche Wasserläufer selber Signalwellen: Bei einer genauer untersuchten Art locken 3–10 Wellen pro Sekunde Weibchen an, während 80–90 Wellen pro Sekunde anderen Männchen mitteilen, dass hier bereits besetzt ist.

Kleinste Wellenberge verraten dem Wasserläufer, wo Beute zu holen ist.

Oben oder unten?

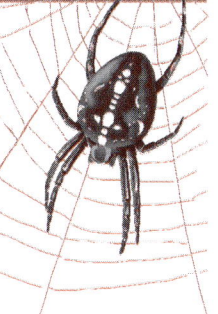

Die Lage im Raum

Bei Insekten und Spinnen vermitteln Tasthaare nicht nur wichtige Umweltreize, sondern kontrollieren auch die Lage im Raum. Solche Stellungshaare sind über den ganzen Insektenkörper verteilt. Besonders dicht stehen sie in Haarpolstern zwischen Kopf und Brustteil und zwischen Brust und Hinterleib. Sie messen permanent die Stellung der Körperabschnitte und Gliedmaßen zueinander. Auf diese Weise wird auch die Schwerkraft gemessen und dadurch oben und unten bestimmt – eine überaus wichtige Information, die bei der Orientierung in allen Lebenslagen ganz entscheidend ist.

Zur Messung der Schwerkraft scheinen bei vielen Insekten vor allem die Stellungshaare an den Beingelenken entscheidende Informationen zu übermitteln. Gerät ein Insekt in Schräglage, ändern sich die an seinen Beinen auftretenden Kräfte und damit auch deren Stellung. So melden die Stellungshaare sofort, wenn etwa die Vorderbeine stärker belastet werden als die hinteren oder die linken stärker als die rechten.

Ein berühmtes Beispiel dafür, dass die Schwerkraft eine wichtige Rolle spielt und sehr genau gemessen werden kann, bieten die Honigbienen, bei denen die „Messgeräte" hauptsächlich zwischen den Körpersegmenten liegen: Sie teilen ihren Artgenossinnen im Bienenstock mit speziellen „Tänzen" auf den senkrecht stehenden Waben mit, wo ergiebige Nahrungsquellen locken. Die Abweichung der Tanzrichtung von der durch die Schwerkraft gegebenen Senkrechten birgt dabei die entscheidende Richtungsinformation (mehr darüber auf S. 89).

Viel weiter verbreitet im Tierreich ist ein ganz anderes, wesentlich einfacheres Prinzip, um die Richtung der Schwerkraft zu bestimmen. Dabei werden in eigenen Organen als Statolithen bezeichnete schwere Partikel (z.B. Kalkkristalle oder Sandkörnchen) eingelagert, die meist von Sinneszellen umgeben sind oder auf einem Polster von Sinneszellen liegen. Gerät das Tier in Schräglage, reizt der Statolith entweder andere Sinneshaare als im Ruhezustand oder er verbiegt die Sinneshaare, auf denen er ruht.

Solche Messgeräte gibt es schon bei Quallen, die in einem solchen Fall sofort anfangen, durch entsprechende Bewegungen wieder in die Senkrechte zu kommen, aber auch bei Tintenfischen, Muscheln, Ringelwürmern oder Krebsen (um nur ein paar Beispiele zu nennen).

Einen „negativen Statolithen" haben manche wasserlebenden Insekten, die einen Luftvorrat mit sich führen. Nicht ein senkrecht nach unten drückender schwerer Körper, sondern die senkrecht nach oben strebende Luftblase gibt hier die Information über oben und unten. Über Stellungshaare, welche die Lage der Luftblase überwachen, wird dann die Richtung der Schwerkraft bestimmt.

Für uns Menschen ist die Wahrnehmung der Schwerkraft so selbstverständlich, dass wir kaum je darüber nachdenken. Nur wenige von uns kommen in den Genuss, der Anziehungskraft der Erde zu entfliehen und im Weltraum die frappierende Erfahrung zu machen, dass es dort kein oben und unten gibt.

Allerdings kann dieser Genuss durchaus zweifelhaft werden. Das Fehlen des gewohnten Schwerereizes dürfte einer der Auslöser der gefürchteten Raumkrankheit sein, deren Symptome denen der Seekrankheit ähneln, bei der neben dem Sinn für die Richtung der

Schwerkraft noch ein zweiter irritiert wird, der ebenfalls daran beteiligt ist, unsere Lage im Raum zu kontrollieren.

Um diesen Sinn zu überlisten, kann man auf der Erde bleiben. Es genügt ein Besuch auf dem nächsten Rummelplatz (oder wahlweise eine Überfahrt nach Helgoland bei Windstärke 10). Zahlreiche Attraktionen, von der Schiffschaukel bis zur Achterbahn, verdanken ihren Nervenkitzel den extremen Beschleunigungen und Drehungen, die unseren Rotationssinn so strapazieren, dass er anschließend einige Zeit braucht, um sich wieder auf „normal" ein-

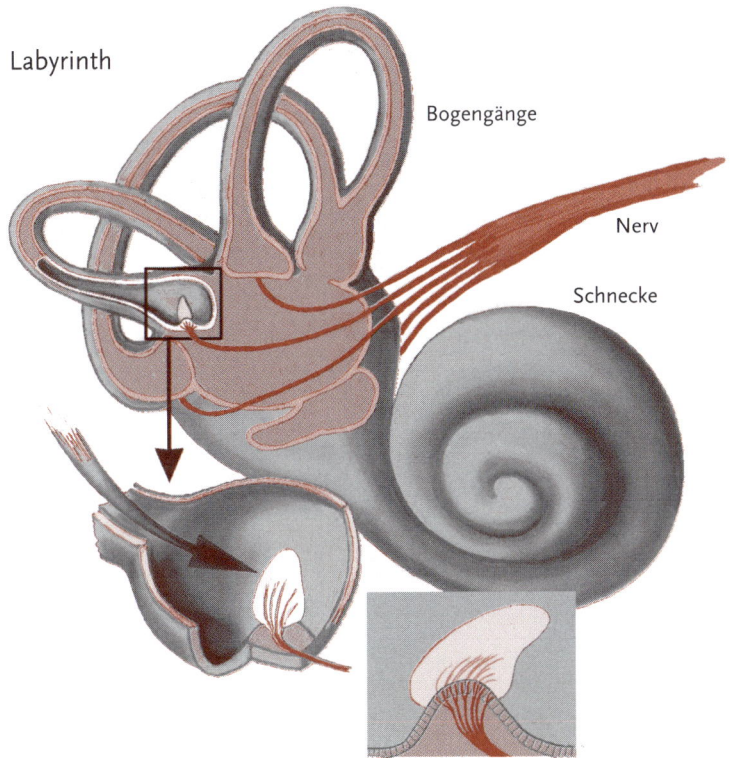

Labyrinth

Bogengänge

Nerv

Schnecke

Im Gleichgewichtsorgan der Säugetiere wird in drei flüssigkeitsgefüllten Bogengängen die Drehbewegung des Kopfes gemessen. Die Schnecke ist Teil des Gehörorgans (S. 30).

zustellen. Schwindelgefühle und Gleichgewichtsstörungen, die Symptome der Seekrankheit, sind die Folge.

Beide – Schweresinn und Rotationssinn – sitzen im Kopf. Auch das lässt sich leicht testen: Einen Arm kann man schlenkern und drehen, wie man will, ohne schwindelig zu werden. Erst die schnelle Drehung des Kopfes führt zur Wahrnehmung (oder, wenn man übertreibt, zum Schwindel).

Das Organ, mit dem alle Wirbeltiere (also Fische, Amphibien, Reptilien, Vögel und Säuger) sowohl die Schwerkraft als auch solche Beschleunigungen messen, ist ein Teil des Innenohres, der Labyrinth genannt wird. Das Labyrinth wiederum besteht im Prinzip aus zwei Teilen. Im unteren Teil ruhen Statolithen auf Sinneshaaren, die bei Schräglage durch Abbiegen gereizt werden. Das kennen wir schon, das ist das Messgerät für die Schwerkraft. Der obere Teil, das eigentliche Gleichgewichtsorgan, besteht aus drei flüssigkeitsgefüllten, bogenförmig verlaufenden Kanälen, die senkrecht aufeinander stehen und in den drei Ebenen des Raumes ausgerichtet sind.

Wird der Kopf bewegt, bleiben die Flüssigkeiten in diesen Bogengängen zunächst an Ort und Stelle – eine Folge der Trägheit. Erst verzögert machen sie die Bewegung mit. Dabei reagiert jeder Bogengang unterschiedlich, je nachdem, in welche Richtung der Kopf gedreht, beschleunigt oder abgebremst wird. In jeden der drei Kanäle ragt wie eine Schwingtür eine Kuppel mit Sinneshaaren, die die jeweilige Bewegung der Flüssigkeit misst. Im Gehirn werden die aus den drei Bogengängen eingehenden Meldungen dann verrechnet, sodass ein genauer Eindruck der Drehbewegung entsteht.

Grundsätzlich arbeiten der Schwere- und Gleichgewichtssinn aller Wirbeltiere so. Manche Arten allerdings benutzen zusätzlich Reize, um sich im Raum zu orientieren. Fische zum Beispiel „wissen", dass Licht immer von oben kommt. Einige nette Experimente des Zoologen Erich von Holst zeigten, dass sie tatsächlich sowohl die Schwerkraft als auch die Lichtrichtung nutzen.

Beleuchtet man einen Fisch von der Seite, schwimmt er plötzlich schräg im Wasser. Er verrechnet die Informationen aus Lichtrichtung und Schwerkraft und bildet einen Kompromiss. Gesteigerte Lichtstärke lässt ihn immer mehr zur Seite kippen, verstärkte Schwerkraft-Einwirkung quittiert er mit aufrechterer Stellung. Während die meisten Arten sich durch solche Tricks allenfalls dazu bewegen lassen, sich ganz auf die Seite zu drehen, kann man den Schwarzen Tetrasalmler bei Licht von unten sogar dazu bringen, kieloben zu schwimmen.

Auch Insekten, deren Schweresinn ja auf ganz anderen Messgeräten beruht (→ S. 65), verlassen sich bei der Orientierung im Raum nicht ausschließlich auf die Schwerkraft. Heuschrecken, die in einem Windkanal auf der Stelle fliegen und vor sich einen künstlichen Horizont sehen (unten dunkel, oben hell), kann man ebenfalls kippen lassen, wenn man den Horizont etwas dreht und auch die Richtung der Beleuchtung diesem geneigten Horizont anpasst.

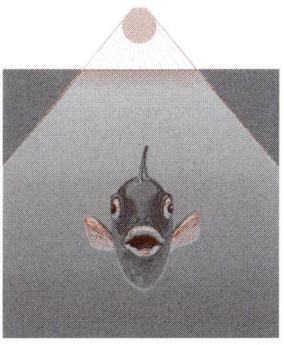

Solche Beispiele gibt es noch zahlreiche und sie sollten uns nicht besonders verblüffen. Denn auch unsere Lageinformationssysteme funktionieren am besten, wenn sie die gewohnt übereinstimmenden Messwerte liefern. Kettenkarusselle, schräge Horizonte und ungewohnter Lichteinfall verunsichern schließlich auch uns und führen zu manchmal merkwürdigen Empfindungen und Reaktionen.

Fische verrechnen Lichtrichtung und Schwerkraftwirkung.

Sehen

Für uns Menschen ist das *der* Sinn schlechthin, der, auf den wir am wenigsten verzichten können: Menschen sind „Augentiere". Selbst unser Gesicht hat seinen Namen nach dem Sehen – sicher kein Zufall. Innerhalb der Säugetiere ist das eher ungewöhnlich. Sehr viele Arten sind nachtaktiv. Sie verlassen sich eher auf das Gehör oder einen feinen Geruchssinn; verlieren sie das Augenlicht durch einen Unfall, finden sie sich nicht selten durchaus noch zurecht. Tagaktiv sind dagegen die meisten Vögel, deren farbenprächtiges Gefieder, das während der Balz oft auffällig präsentiert wird, schon darauf hindeutet, dass auch für sie der optische Sinn eine bedeutende Rolle spielt. Nicht umsonst gilt das Adlerauge als Sinnbild überragender Sehschärfe.

Das Auge ist unser einziges Sinnesorgan, mit dem wir im Vergleich mit anderen Tieren tatsächlich Spitzenleistungen bringen. Trotzdem zeigt auch hier ein Streifzug durchs Tierreich bei einigen anderen Lebewesen unglaubliche Leistungen, die für uns schwer vorstellbar sind.

Licht ist eine merkwürdige Angelegenheit: Es verhält sich einerseits, als bestünde es aus einzelnen Lichtteilchen, den Photonen. Andererseits lassen sich zahlreiche seiner Eigenschaften nur verstehen, wenn man davon ausgeht, dass Licht eine Wellennatur hat. Elektromagnetische Wellen gibt es (wie Schallwellen) mit ganz unterschiedlicher Wellenlänge und sie haben, je nach Wellenlänge, ganz unterschiedliche Bezeichnungen.

Das (für uns) sichtbare Licht hat Wellenlängen von 380 bis 760 Nanometer (nm = 10^{-9} m = Milliardstel Meter). Es verändert innerhalb dieses Bereichs seine Farbe von Violett über Blau, Grün, Gelb und Orange nach Rot – alle Farben des Regenbogens und in eben dieser Anordnung. Jenseits des sichtbaren Bereichs folgen (auf der langwelliger werdenden Seite) Infrarotstrahlen, die als Wärme wahrgenommen werden, dann Radar-, TV- und Radiowellen. Auf der kurzwelligen Seite wird's gefährlicher, weil die Strahlen immer energiereicher werden. Hier schließen sich dem sichtbaren Bereich die des Ultravioletts, der Röntgen- und der Gammastrahlung an.

Ebenso, wie das Hörvermögen verschiedener Arten ganz unterschiedlich ist – denken Sie an die Fledermäuse, die mit Ultraschall arbeiten (→ S. 39) – ist auch der Bereich des sichtbaren Lichts nicht für alle Arten identisch. Während Infrarot wohl von keinem Tier mithilfe seiner Augen wahrgenommen wird (wenn es auch spezielle Wärmesensoren gibt, → S. 97), ist für gar nicht so wenige nachgewiesen, dass sie UV-Licht sehen können. Dazu gehören auch Wirbeltiere, zum Beispiel das Rotauge, ein häufiger heimischer Süßwasserfisch. Besonders gut untersucht ist UV-Sehen aber bei Insekten, insbesondere bei der Honigbiene (→ S. 85).

Eine weitere Eigenschaft des Lichts, die uns völlig fremd ist, weil wir sie überhaupt nicht registrieren, ist seine Polarisation. Wir brauchen die Hilfsmittel der Wissenschaft, die dieser Eigenschaft des Lichts erst zu Beginn des 19. Jahrhunderts auf die Spur kam. Seitdem gibt es „Polarisationsfilter", fast durchsichtig aussehende Gläser, die aus dem wild durcheinander schwingenden „Wellensalat" des Lichtes nur die passieren lassen, die in ein und derselben Ebene schwingen. Für uns sieht das Licht hinter dem Filter gleich aus. Für viele Insekten aber birgt das polarisierte Licht, dessen Wellen (wie gesagt) nicht ungeordnet, sondern in der gleichen Ebene schwingen, wichtige Informationen (→ S. 88). Polarisiertes Licht ist kein Kunstprodukt aus dem Experimentierkasten des Physikers, sondern kommt auch in freier Wildbahn vor. Zwar bringt das Sonnenlicht keine Polarisation mit, eine solche entsteht aber durch Streuung an Molekülen in der Atmosphäre. Das gestreute Himmelslicht ist senkrecht zur ursprünglichen Ausbreitung der Sonnenstrahlen polarisiert und lässt deshalb genaue Rückschlüsse auf die Stellung der Sonne zu, selbst wenn diese nicht zu sehen ist. Und wer den Sonnenstand mit einem Zeitsinn kombiniert, hat einen Sonnenkompass (→ S. 17). Das Polarisationsmuster des Himmels kann Insekten also zur Richtungsbestimmung und damit zur Orientierung dienen.

Wie Sehen funktioniert? Dazu nur ein paar wenige Sätze, ausgehend von unserem eigenen Auge, einem typischen Wirbeltierauge.

Zunächst gilt es, das Licht wirkungsvoll zu bündeln. Diese Aufgabe übernimmt der vor allem aus Hornhaut, Linse und Glaskörper bestehende dioptrische Apparat, der ein verkleinertes, auf dem Kopf stehendes Bild auf den gewölbten Augenhintergrund projiziert.

Dort stehen in der Netzhaut spezialisierte Sehzellen, in denen in komplizierter Anordnung lichtempfindliche Farbstoffe sitzen, die zerfallen, wenn sie von Licht getroffen werden. Dieser Zerfall löst einen elektrischen Impuls aus, der über die Sehnerven an das optische Zentrum im Gehirn weitergegeben wird.

Im Auge des Menschen sitzen verschiedene Typen von Sehzellen: Stäbchenförmige Zellen registrieren die Helligkeit. Sie funktionieren auch noch bei niedriger Lichtintensität. Für das Farbsehen sind dagegen zapfenförmige Sehzellen zuständig. Sie arbeiten allerdings erst, wenn genügend Helligkeit vorhanden ist. Das ist der Grund, warum wir in der Dämmerung keine Farben erkennen, sondern nur schwarz-weiß sehen: Die Zäpfchen haben dann ihren Betrieb mangels Licht eingestellt.

Übrigens gibt es drei verschiedene Sorten von zapfenförmigen Sehzellen, die auf Gelborange, Grün und Blau maximal ansprechen.

Durch Mischung ergeben sich dann alle Farben, die wir wahrnehmen können.

Die meisten Säugetiere haben, anders als Menschen und die mit ihnen besonders nahe verwandten Altweltaffen, aber nur zwei Typen von Zapfenzellen, kennen also weniger Farben als wir. Ihre Wahrnehmung scheint etwa der rot-grün-blinder Menschen zu entsprechen. Wale und Robben weisen sogar nur einen Zapfentyp auf und sind damit weitgehend farbenblind.

Bei Vögeln dagegen sind fünf Zapfentypen nachgewiesen, von denen eine sogar auf UV-Licht anspricht; schwer vorzustellen, wie bunt für sie die Welt ist! Viele Farbmuster von Vögeln sehen jedenfalls für einen anderen Vogel sicher völlig anders aus als für uns. Wellensittiche, deren Gefieder zum Teil mit UV-blockierender Sonnencreme behandelt wurde, verloren in den Augen ihrer Artgenossen jedenfalls sehr an Attraktivität. Und der für uns schlicht schwarz-weiß gefärbte Trauerschnäpper wird für Weibchen umso anziehender, je mehr UV sein Gefieder reflektiert. UV-Reflexion sorgt auch dafür, dass das weiß gefiederte Schneehuhn zwar für seine vierbeinigen Fressfeinde wie den Eisfuchs, nicht aber für seine Artgenossen unsichtbar ist.

Ein völlig anderes, aber nicht weniger kompliziertes Bau- und Funktionsprinzip als dem Auge der Wirbeltiere liegt dem Facettenauge der Gliederfüßer zugrunde (→ S. 81).

Aber es geht auch sehr viel einfacher: Der Einzeller *Euglena,* das Augentierchen, hat einen roten Farbstofffleck neben einem lichtempfindlichen Bereich an der Basis seines „Motors", einer schlagenden Geißel, mit der er sich durchs Wasser bewegt. Weil sich das Augentierchen beim Schwimmen regelmäßig um seine Längsachse dreht, wirft der rote Fleck immer wieder Schatten auf diesen lichtempfindlichen Bereich, wenn das Licht von der Seite kommt. Schwimmt *Euglena* dagegen direkt auf die Lichtquelle zu, fällt nie

Schatten auf die sensible Stelle. Auf diese Weise lassen sich mit einfachen Mitteln innerhalb einer einzigen Zelle Licht wahrnehmen und wichtige Informationen gewinnen. Der Nutzen für das Augentierchen, das im Licht durch Fotosynthese Energie gewinnt, liegt auf der Hand.

Viele andere wirbellose Tiere – der Regenwurm etwa – haben in der Haut lichtempfindliche Zellen, die ihnen wenigstens sagen, ob es hell oder dunkel ist. Wenn diese Organe in Gruben eingesenkt sind, erhält man darüber hinaus auch Aufschluss über die Richtung, aus der das Licht kommt.

Ein richtiges Bild entsteht aber erst, wenn die Netzhaut blasenförmig eingesenkt ist und Licht nur durch ein kleines Loch einfällt – das Prinzip der Lochkamera,

lichtempfindlicher Bereich

Schatten

Der rote „Augenfleck" des Augentierchens Euglena dient nicht als Sehorgan, sondern als Schattenwerfer. Rotiert die schwimmende Euglena, fällt regelmäßig Schatten auf den lichtempfindlichen Bereich am Grund der antreibenden Geißel.

das sich mit ganz einfachen Mittel nachvollziehen lässt, indem man einen geschlossenen Pappkarton vorne mit einem Loch versieht und hinten als „Netzhaut" ein Butterbrotpapier einzieht. Je kleiner das Loch (die „Blende" der Kamera), desto schärfer wird das Bild. Desto dunkler leider aber auch. Weshalb zahlreiche Tiere dieselbe Lösung entwickelt haben wie Jahrmillionen später die Kamera-Hersteller: die Linse, die Licht ins Dunkel bringt.

Adlerauge – was Augen leisten können

Menschen sind geneigt, die Leistungsfähigkeit eines Auges danach zu beurteilen, wie scharf es sieht (vielleicht, weil uns hier das Nachlassen eben dieser Leistungsfähigkeit so viel zu schaffen macht – die Welt ist voller Brillenträger!).

Andere Tiere haben andere Bedürfnisse: Für einen schnellen Flieger, ein Insekt oder ein Vogel etwa, ist die **Trägheit** des Auges sicher von entscheidender Bedeutung. Schließlich sind bei den hohen Geschwindigkeiten schnelle Reaktionen nötig. Da ist unser Auge keineswegs unübertroffen: 24 Bilder pro Sekunde, in einem dunklen Raum nacheinander projiziert, gaukeln uns eine kontinuierliche Bewegung vor. Davon kann sich jeder bei seinem nächsten Kinobesuch überzeugen. Säße eine schlichte Schmeißfliege oder eine Honigbiene in derselben Vorstellung, sähe sie keinen Film, sondern einen Diavortrag. Manche Insekten sind noch in der Lage, 200 bis 300 Bilder pro Sekunde getrennt wahrzunehmen. Diese enorme zeitliche Auflösung erklärt auch, warum sich Fliegen so schlecht erwischen lassen. Sie sehen die zuschlagende Hand ganz gemütlich auf sich zukommen und haben in der Regel genügend Zeit, um in aller Ruhe zu starten. Für Vögel wurden Werte bis zu 150 Bildern pro Sekunde gemessen. Dagegen ist für den Wasserfrosch bereits bei 5 Bildern pro Sekunde Schluss.

Wie aber sehen die Vergleichswerte bei der **Schärfe** aus? Gemessen wird die Schärfeleistung dadurch, dass zwei Punkte einander immer stärker genähert werden. Irgendwann ist der Punkt erreicht, an dem sie nicht mehr getrennt wahrgenommen werden. Zum Vergleich wird jetzt nicht der absolute Abstand beider Punkte gemessen – denn einen Abstand von einem Zentimeter erkenne ich natürlich auf meinem Schreibtisch, nicht aber jenseits meines Gartenzaunes – sondern der Winkel, der sich ergibt, wenn ich jeden der Punkte mit meinem Auge verbinde.

Dieser Sehschärfenwinkel beträgt bei Menschen etwa eine Winkelminute (60 Winkelminuten sind gleich ein Grad), vorausgesetzt, die Beleuchtung stimmt, denn nur bei hellem Licht erreichen wir unsere volle Sehkraft, und weiter vorausgesetzt, wir dürfen mit dem kleinen Bereich der Sehgrube (Fovea) gucken, dem Bereich in unserer Netzhaut, in dem die Sehzellen am dichtesten gepackt sind und überdies jede einzelne Sehzelle auch eine eigene Nervenzelle hat. Hier ist die Auflösung bei weitem besser als zum Augenrand hin, wo die Sinneszellen lockerer stehen und jeweils zu mehreren an einer einzigen weiterleitenden Nervenzelle hängen.

Bei Tieren die Sehschärfe zu messen ist nicht ganz einfach. Schließlich lassen sie sich nicht einfach fragen. Hier helfen oft Dressurversuche weiter, manchmal auch Beobachtungen in freier Wildbahn. Wenn zum Beispiel ein Wanderfalke eine Krähe in über 1600 Meter Entfernung erkennt, errechnet sich daraus ein Sehschärfenwinkel von 25″ (Winkelsekunden) und damit ein noch besserer Wert als beim Menschen. Ermöglicht wird das durch eine Million Sehzellen auf einem Quadratmillimeter Netzhaut – gegenüber 160 000 bei uns, wobei allerdings ein Teil der durch die engere Packung der Sehzellen erzielten Qualitätssteigerung durch die Koppelung einzelner Rezeptoren wieder verschenkt wird.

Das sprichwörtliche Falken- oder Adlerauge bringt dessen ungeachtet aber offensichtlich wirklich Spitzenleistungen. Trotzdem:

Soviel schlechter sind wir gar nicht. Zusammen mit den Greifvögeln haben die Primaten (Affen inkl. Mensch), soweit bekannt, die schärfsten Augen im Tierreich.

Viele Vögel bringen es auf einen Sehschärfenwinkel von 1–4′, eine Katze auf 5–10′, ein Elefant auf 10′, eine Ratte auf 20′, ein Goldhamster auf 1° und bei einer Fledermaus mit 3–6° überhaupt noch von Seh„schärfe" zu sprechen ist schon etwas vermessen. Aber Fledermäuse „sehen" ja bekanntlich mit den Ohren (→ S. 39).

Bleibt die **Dämmerungsleistung**: Viele Nachttiere sind schon äußerlich an ihren riesigen Augen und großen Pupillen erkennbar. Damit wird mehr Licht eingefangen als mit kleinen. Außerdem verzichten sie auf den Luxus des Farbensehens. Wie schon gesagt (→ S. 73), arbeiten die für die Farbwahrnehmung zuständigen zapfenförmigen Sehzellen erst bei höherer Lichtstärke. Nachttiere setzen deshalb verstärkt auf die viel lichtempfindlicheren Stäbchen, nehmen die Welt dann aber eben fast nur in Grauwerten wahr.

Während bei den tagaktiven Meerschweinchen immerhin etwa 15 % der Sehzellen farbtüchtige Zapfen sind, stehen in der Netzhaut der Ratten, die überwiegend nachts unterwegs sind, zu 99 % Stäbchen. Beim Menschen ist der Bereich des schärfsten Sehens, die Sehgrube, ausschließlich mit Zapfen bestückt (weshalb wir an dieser Stelle nachtblind sind), die übrige Netzhaut etwa zu 5 %.

Eulen – sofern sie nachtaktiv sind – erreichen mit ihrer ganz überwiegend aus Stäbchen bestehenden Netzhaut eine 3–10fach bessere Dämmerungsleistung als der Mensch. Zahlreiche Tiere, unter den Vögeln zum Beispiel die Ziegenmelker (nicht aber die Eulen), unter den Säugetieren die Raubtiere, fast alle Huftiere, die Robben und die Wale, steigern das noch durch einen genialen Trick: Bei ihnen wirft eine reflektierende Schicht unmittelbar hinter der Netzhaut, das Tapetum lucidum, nicht absorbiertes einfallendes Licht zurück, sodass es die Netzhaut ein zweites Mal passieren muss und dabei die Sinneszellen erneut erregen kann.

Das Tapetum lucidum ist übrigens auch der Grund, warum viele Nachttieraugen im Dunkeln „leuchten" – was sie natürlich nicht wirklich tun: Sie spiegeln lediglich und sind sofort wieder dunkel, sobald kein Licht von außen mehr einfällt. Einen kleinen Nachteil hat das Tapetum, was vielleicht auch der Grund dafür ist, dass es nicht noch weiter verbreitet ist: Durch die diffuse Reflektion streut das Licht, was sich negativ auf die Sehschärfe auswirkt.

Ein im Detail völlig anders gebautes, aber ähnlich funktionierendes Tapetum lucidum und damit auch „leuchtende Augen" kommt übrigens auch bei zahlreichen Gliedertieren (Insekten, Krebsen und Spinnen) vor.

Die lichtempfindlichsten Augen überhaupt sollen manche Tiefseefische haben, die noch auf Licht„stärken" ansprechen, wie sie in 1000 Meter Wassertiefe herrschen. Ist das Wasser klar, liegt die Grenze des Sehens für auf die Wahrnehmung von Blau spezialisierte Netzhäute ungefähr bei 1150 Meter (andere Farben dringen wesentlich weniger tief ins Wasser ein). Riesige Augen, spezielle Lichtleiter, eine fast ausschließlich aus Stäbchen zusammengesetzte Netzhaut und ein Tapetum lucidum sind verschiedene der Anpassungen, mit denen solche Fische noch jedes einzelne Photon aufzufangen versuchen. Außerdem weist die Netzhaut mancher Tiefseefische noch eine wesentlich höhere Sehzellendichte auf als die des Wanderfalken: bis zu 20 Millionen pro Quadratmillimeter. In ihrem Fall dient das aber nicht der Steigerung der Sehschärfe, sondern der Verbesserung der Lichtausbeute. Viele Sehzellen sind nämlich auf denselben ableitenden Nerv zusammengeschaltet; die Sache funktioniert also ähnlich wie ein Trichter für Licht.

Das **Gesichtsfeld** ist zwar keine Frage der Optik des Einzelauges, sondern eine der Anordnung am Kopf. Trotzdem beeinflusst es die optischen Leistungen ganz erheblich. Während Hasen oder Waldschnepfen mit ihren seitlich liegenden Augen den großen Vorteil haben, dass sich keiner unbemerkt von hinten anschleichen kann, ermöglichen zwei nach vorne gerichtete Augen durch die große Überschneidung ihrer Sehfelder eine viel bessere Erfassung der dreidimensionalen Welt. Dadurch, dass jedes Ding von zwei Seiten betrachtet wird (nämlich mit dem linken und dem rechten Auge) lassen sich zum Beispiel Entfernungen viel präziser abschätzen, was jeder bestätigen kann, der eine Zeitlang mit Augenklappe leben musste.

Ein großes binokulares Gesichtsfeld ist für Affen, die es sich beim Springen im Geäst kaum leisten können allzu oft danebenzugreifen, offensichtlich eine sehr sinnvolle Anpassung. Das „Affen-Gesichtsfeld" spielte sicher auch eine große Rolle bei der Entwicklung des Menschen. Zusammen mit unserer überaus geschickten Hand verfügten bereits unsere frühen afrikanischen Vorfahren damit über wichtige Voraussetzungen zur gezielten Bearbeitung von Gegenständen.

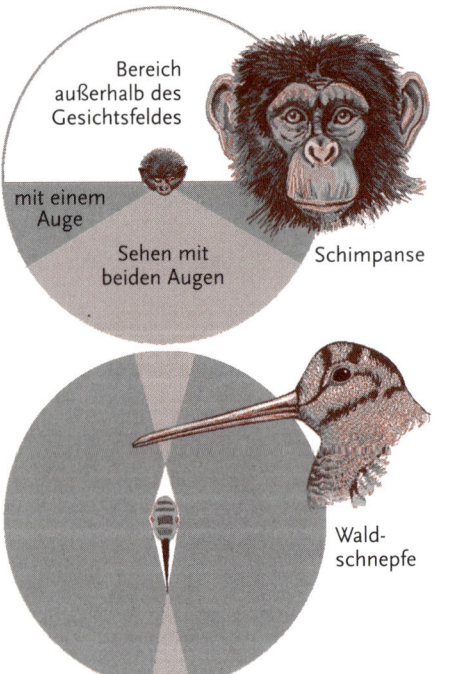

Das Gesichtsfeld ist natürlich auch eine Frage der Brennweite. Jeder Fotograf weiß: Linsensysteme mit langer Brennweite, Teleobjektive also, bilden weit entfernte Gegenstände groß ab. Das Gesichtsfeld allerdings ist klein. Wer Weitwinkelobjektive benutzt, bekommt ein großes Gesichtsfeld, aber nur kleine Abbildungen.

Die Lage der Augen bestimmt das Gesichtsfeld und den Bereich binokularen (und damit räumlichen) Sehens.

Bereich außerhalb des Gesichtsfeldes

mit einem Auge

Sehen mit beiden Augen

Schimpanse

Wald-schnepfe

Eine raffinierte Lösung dieses Dilemmas finden wir bei den Springspinnen. Diese räuberischen Arten schleichen sich an ihre Beute an und überwältigen sie, wie es einem Raubtier ansteht, mit einem gewaltigen Satz. Ihre Beute entdecken sie mithilfe ihrer „normal" gebauten sechs Nebenaugen, die hauptsächlich auf Bewegungsreize reagieren. Die beiden riesigen,

Jäger mit riesigen Augen: die Springspinne

auf Makroaufnahmen Scheinwerfern ähnelnden Hauptaugen aber sind echte Teleobjektive mit langer Brennweite. Sie liefern ein scharfes Bild weiter entfernter Gegenstände (wobei wir auch hier vom Zentimeterbereich reden!) und sorgen gleichzeitig für das räumliche Vorstellungsvermögen, das notwendig ist, um einen zielgenauen Sprung vorzubereiten.

Mit dem Auge einer Fliege – wie Insekten sehen

Die meisten Insekten sind, wie wir Menschen, Augentiere. Das Sehen ist ihr wichtigster Sinn. Schon äußerlich ist das an vielen Insektenköpfen deutlich erkennbar. Die Augen nehmen oft einen großen Teil des Kopfes ein, bei manchen Fliegen bis zu 90 % – sie sind „ganz Auge".

Insektenaugen funktionieren in einigen Grundprinzipien durchaus wie unsere: Das Licht wird durch eine Linse gesammelt und zu Sehzellen weitergeleitet, deren lichtempfindliche Moleküle zerfallen und dadurch ein elektrisches Signal in die ableitenden Nerven schicken.

Ansonsten aber gleichen sich Insekten- und Wirbeltieraugen kaum – eines der zahlreichen Beispiele dafür, dass durch Evolution unabhängig voneinander sehr verschiedene Strukturen entstehen können, die doch die gleiche Aufgabe wahrnehmen.

Jedenfalls lohnt es sich, den komplizierten Bau des Insektenauges etwas genauer kennen zu lernen. Immerhin guckt die dominierende Tiergruppe unserer Erde so. Gegenüber den vermutlich vielen Millionen Insektenarten sehen die nur gut 4600 Säugetierarten recht bescheiden aus. Überdies gehört das Facettenauge nicht nur zur Grundausstattung der Insekten, sondern auch anderer Gliederfüßer wie der Krebse, einer vor allem im Meer überaus artenreichen und vielfältigen Verwandtschaft.

Damit ist das wichtigste Stichwort schon gefallen: Facettenauge. Insekten haben nicht zwei, sondern viele Augen. Ihre beiden großen Augen setzen sich jeweils aus zahlreichen Einzelaugen zusammen. (Dazu kommen in der Regel drei kleine Punktaugen, die am Scheitel sitzen.) Die einzelnen Augen sind nicht rund, sondern sechseckig. Damit ist der Raum auf der Oberfläche der Augenhalbkugel optimal ausgenutzt – in diesem „Bienenwabenmuster" gibt es keine toten Flächen. Jedes Auge hat eine eigene Linse samt darunter sitzendem Kristallkegel, der das eingefangene Licht weiterleitet bis es auf die eigentlichen Sehzellen trifft.

Diese 8 oder 9 Zellen sind kreisförmig angeordnet und bilden im Zentrum dieses Kreises gemeinsam einen kompliziert gebauten Lichtleiter, das Rhabdom. Gegenüber den Nachbarzellen ist jedes Auge abgeschirmt, sodass einfallendes Licht nicht kreuz und quer streut. Jedes Einzelauge erzeugt, wie das unsere, ein verkleinertes, umgekehrtes Bild der Wirklichkeit.

Das hat Anlass zu vielen Spekulationen gegeben, wie Insekten eigentlich sehen: Besteht ihr Bild von der Welt aus einem wabenförmigen Sechseckmuster? Oder aus zahlreichen Einzelbildern, die sich mehr oder weniger geordnet überlagern? Comic und Film bieten da einige Varianten, die zwar manchmal durchaus originell, aber leider alle falsch sind.

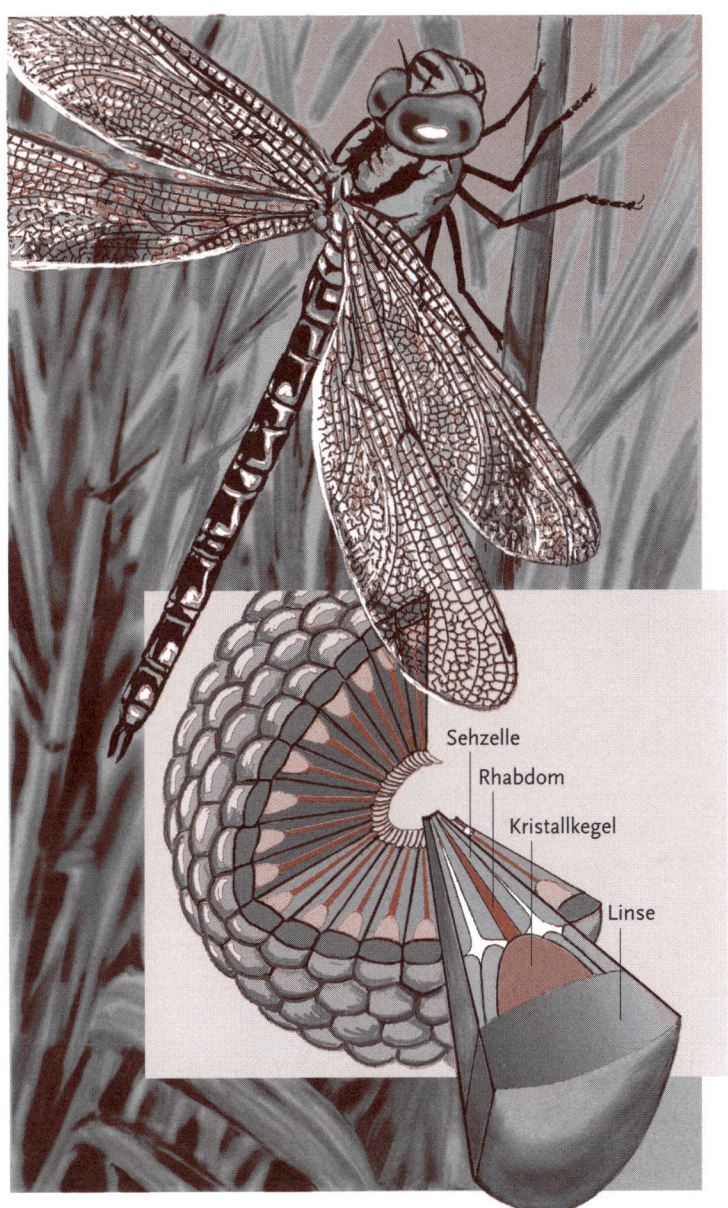

Sehzelle

Rhabdom

Kristallkegel

Linse

Insekten sehen mit Facettenaugen, die aus vielen weitgehend bauglei-chen Einzelaugen zusammengesetzt sind.

Schließlich fällt das Licht in jedem Einzelauge nur auf wenige Sehzellen, von denen in der Regel nur eine angeregt wird und auf diese Art einen einzigen Bildpunkt erzeugt. Die Facettenaugen reagieren also durchaus als Einheit. Erst die zusammengesetzten Meldungen der alle in unterschiedliche Richtungen blickenden Einzelaugen ergeben ein Muster der Helligkeitsverteilung der Umgebung, ein Gesamtbild also.

Damit wird auch logisch, wie Insekten die Sehschärfe steigern können: Mehr Einzelaugen bedeuten mehr Bildpunkte und damit bessere Auflösung. Das Facettenauge einer Libelle kann aus bis zu 30 000 Augen bestehen. Zusammen mit der hohen zeitlichen Auflösung (→ S. 76) für die schnellen Jäger der Lüfte eine wichtige Voraussetzung, um Beute zu entdecken und zu verfolgen.

Leider lassen sich die Einzelaugen nicht unendlich klein machen. Einerseits litte darunter ihre Lichtstärke erheblich, andererseits würde die Schärfe durch Beugungseffekte stark eingeschränkt, weil die Lichtwellen hinter kleinen Öffnungen stärker streuen als hinter größeren. Da bleibt nur ein Ausweg: Wenn die Einzelaugen nicht weiter verkleinert werden können, muss das Gesamtauge vergrößert werden, damit mehr Einzelaugen Platz haben. Auch dem sind natürlich Grenzen gesetzt, selbst wenn Libellen und viele Fliegen wirklich mit enormen Facetten auf ihren weit vorgewölbten Augen beeindrucken. Die Sehschärfe der Insekten kommt deshalb lange nicht an die der meisten Wirbeltiere heran. Ein Facettenauge mit unserer Sehschärfe müsste mehrere Meter Durchmesser aufweisen ...

Soweit das „Standard-Facettenauge". Ich will aber nicht verschweigen, dass die Wirklichkeit noch einiges komplizierter ist als hier geschildert und dass es zahlreiche Abwandlungen von diesem Grundprinzip gibt, die auf die Leistungen der Augen nicht ohne Auswirkung sind. Doch lassen wir's dabei bewenden und werfen lieber einen Blick auf einige besondere Fähigkeiten der Insektenaugen. Dazu gehört das Farbensehen ebenso wie die Wahrnehmung der Schwingungsebene des polarisierten Lichtes (→ S. 72). Wir stellen dazu in den beiden nächsten Kapiteln eine klassisches Untersuchungsobjekt vor: die Honigbiene.

„Aus dem Leben der Bienen"

Das ist der berühmt gewordene Titel eines biologischen Klassikers, den der österreichische Nobelpreisträger Karl von Frisch (1886–1982) im Jahr 1927 verfasste und der seither immer wieder neu aufgelegt wurde. Von Frisch hatte bereits 1914 mit dem Mythos aufgeräumt, sämtliche wirbellosen Tiere sähen keine Farben. Es gelang ihm, seine Bienen auf verschiedene Farben zu dressieren und dadurch nachzuweisen, dass sie durchaus nicht farbenblind sind.

Ihr Farbsinn entsteht wie der unsere durch drei verschiedene Typen von Sinneszellen, die auf unterschiedliche Lichtwellenlängen (also Farben) besonders stark ansprechen. Bei uns sind das Rot, Grün und Blau (→ S. 73), bei den Bienen Grün, Blau und Ultraviolett (UV). Auch hier ergeben sich andere Farbwahrnehmungen durch Mischung, wobei eine Mischung der drei Grundfarben Weiß ergibt und eine Mischung von Grün und UV die Farbe „Bienenpurpur", die wir uns ebenso wenig vorstellen können wie die Farbe UV. Den Bienen geht's dafür mit Rot so, das sie nicht als Farbe, sondern nur schwarz wahrnehmen. (Übrigens würde unsere Netzhaut auch auf UV ansprechen; dieser interessanten Erfahrung beraubt uns aber der dioptrische Apparat, der UV ausfiltert.)

Warum Farbensehen für Bienen „sinnvoll" ist, liegt auf der Hand. Schließlich dreht sich ihr Leben vor allem um eines: die Gewinnung von Nektar und Pollen als Nahrungsgrundlage des Bienenstocks und die Herstellung von Honig, der das Überleben des Staates in schlechten Zeiten und über Winter ermöglicht.

Um Pollen und Nektar zu finden, müssen Blüten aufgesucht werden (die Zucker und Proteine nicht selbstlos austeilen, sondern als Gegenleistung für Botendienste bei der Pollenübertragung von Blüte zu Blüte. Aber das ist ein anderes Kapitel). Blüten können zwar gelegentlich auch anders als mit dem Auge geortet werden – denken Sie etwa an den berückenden Duft des Flieders – aber die Bienen lassen sich wie wir in erster Linie von den Farben der Blumen locken und leiten.

Deshalb scheuen viele Pflanzen keinen Aufwand, um mit optischen Aufmachern, auffälligen Werbeflächen vergleichbar, auf sich aufmerksam zu machen. Die vielfältigen Farben und Formen der Blüten lassen sich nur vor diesem Hintergrund überhaupt verstehen.

Und jetzt wird auch klar, warum so wenige unserer Blumen rein rot sind: Diese Farbe zieht bei Bienen nicht, weil sie kein Rot sehen. Roter Klee oder Heidekraut, beide von Bienen eifrig besucht, sind nicht wirklich rot, sondern verdanken ihre Farbe einer Mischung von Blau und Bienenpurpur. Wirklich rote Blüten wie die der Lichtnelke wenden sich mit ihrer Botschaft nicht an Bienen, sondern an Tagfalter – und die können Rot wahrnehmen. Und wie steht's mit dem Klatschmohn? Der ist für Bienen nicht knallrot, sondern ultraviolett!

Noch frappierender sind die Wahrnehmungsunterschiede bei den vielen weißen Blüten. Häufig sind sie nämlich nicht weiß, sondern ganz oder teilweise ultraviolett. Mit den Augen einer Biene gesehen erscheinen dann in dem vergleichsweise unauffälligen Weiß plakative Flecken, „Saftmale", die deutliche Hinweise auf Nektarquellen bieten. An-

Wer wie die Bienen UV wahrnehmen kann, sieht statt einfarbiger Blüten oft attraktive Muster aus „Saftmalen", die den Weg zum Nektar weisen.

dere „weiße" Blüten reflektieren UV-Licht nicht und sind dadurch für Bienen ebenfalls farbig. Gänseblümchen etwa leuchten für sie blaugrün.

Für die Imker hat das auch praktische Bedeutung. Schon lange streichen sie bei großen Bienenhäusern die Wohnungen einzelner Völker unterschiedlich an, um den Bienen die Orientierung in der Mietskaserne zu erleichtern. Sie müssen nur darauf achten, dass sie die richtigen Farben wählen: Rot neben Schwarz sagt den Bienen nichts: Sie sehen keinen Unterschied. Dagegen kann Weiß neben Weiß durchaus ganz verschieden aussehen, wenn eine der Flächen UV reflektiert, die andere nicht.

Blüten stehen nicht überall und nicht immer zur Verfügung. Jeden Morgen müssen die Bienen ausfliegen und die Gegend rund um ihren Stock erkunden – und wieder zurückfinden! Eine einfache Aufgabe könnte man, von uns selbst ausgehend, meinen. Wir Menschen prägen uns zurückgelegte Wege und wichtige Landmarken wie Kirchtürme oder andere markante Bauwerke ein, um in einer fremden Stadt zurück zum Hotel zu finden. Das können Bienen auch – aber sie können mehr.

Karl von Frisch dressierte seine Bienen auf den Besuch einer 200 m in westlicher Richtung vom Stock liegenden Futterquelle. Nach ein paar Tagen transportierte er das Bienenhaus bei Nacht und Nebel viele Kilometer weiter, drehte den Eingang in eine andere Himmelsrichtung und stellte vier Futterquellen im gewohnten 200-Meter-Abstand auf, und zwar nicht nur im Westen, sondern auch im Norden, Osten und Süden. Und wo erschienen die Bienen wenig später, um sich ihr Frühstück zu holen? Trotz völlig unbekannter Umgebung, wie gewohnt, nur im Westen! Damit war klar, dass die Bienen neben der Kenntnis ihrer Umgebung ein weiteres Hilfsmittel haben, um sich zurechtfinden.

Zahlreiche weitere Versuche entlarvten die Sonne als Richtungsgeber: Bienen können also, wie Zugvögel, aus dem jeweiligen

Sonnenstand auf die Richtung schließen. Weil die Sonne ihre Position aber ständig ändert, funktioniert ein Sonnenkompass natürlich nur, wenn auch eine Innere Uhr mitläuft, ein Art Zeitsinn also (→ S. 17, 154). Im Experiment bewiesen Honigbienen, dass sie einen solchen haben. Man kann sie zum Beispiel darauf dressieren, einen Futterplatz immer nur zu einer bestimmten Tageszeit zu besuchen.

Nun macht sich aber, wie wir aus leidvoller Erfahrung wissen, die Sonne oft rar. Das legt den Sonnenkompass der Honigbienen allerdings nicht lahm. Weil sie auch die Schwingungsrichtung des polarisierten Himmelslichtes wahrnehmen können (→ S. 72), haben sie immer Klarheit über den Stand der Sonne, ohne sie selbst sehen zu müssen. (Das blaue Himmelslicht ist, wie bereits erwähnt, senkrecht zum Sonnenstand polarisiert.) Karl von Frisch entdeckte diese bemerkenswerte Fähigkeit seiner Bienen im Jahr 1949. Inzwischen ist sie bei zahlreichen anderen Insekten ebenfalls nachgewiesen.

Grundlage dieser für uns Menschen schlecht nachvollziehbaren Wahrnehmungsfähigkeit ist eine spezielle Anordnung der Sehfarbstoffe im Insektenauge. Das langgestreckte Molekül des Sehfarbstoffes reagiert am besten auf Licht, das parallel zu seiner Längsachse schwingt. Quer schwingendes Licht registriert es überhaupt nicht.

Wenn nun alle Sehfarbstoffmoleküle innerhalb einer Sinneszelle genau gleich ausgerichtet sind, und, wie im Einzelauge der Insekten, mehrere Sinneszellen kreisförmig angeordnet sind, sodass zwischen ihnen klare Unterschiede in der Ausrichtung der Farbstoffmoleküle bestehen, haben wir ein Messgerät für die Schwingungsrichtung des einfallenden Lichtes.

Nicht alle Einzelaugen eines Facettenauges sind für diese Aufgabe gerüstet. Bei der Honigbiene sind es nur etwa 140 der insgesamt 5500 Facetten, die in einem kleinen, ovalen Bereich auf der Oberseite des Auges gen Himmel blicken und die Polarisation im UV-Bereich messen.

Polarisiertes Licht entsteht übrigens nicht nur durch Streuung des Sonnenlichtes in der Atmosphäre, sondern auch durch Reflexion an allen möglichen anderen Flächen. In der Natur sind Wasserflächen die einzigen größeren Quellen polarisierten Lichtes am Boden.

Das nutzen viele Wasserinsekten wie zum Beispiel der Rückenschwimmer, eine Wanze, die im Volksmund wegen ihrer schmerzhaften Stiche als „Wasserbiene" bekannt ist (weshalb wir diesen kleinen Absatz zwanglos in unsere Bienenkapitel einschließen). Rückenschwimmer leben zwar im Wasser, scheuen aber Überlandflüge keineswegs. Auf diese Weise gelingt es ihnen, neue Lebensräume zu entdecken und zu erschließen. Selbst frisch angelegte Gartenteiche werden anhand des waagerechten Polarisationsmusters, das einen Landereflex auslöst, meist schnell besiedelt. Dazu hat das Rückenschwimmerauge auf der Unterseite spezialisierte Einzelaugen zur Messung polarisierten Lichtes. Allerdings bietet die zivilisierte Welt einige Fallen. Waagerechte Glasscheiben polarisieren ähnlich wie Wasser und haben schon manchem Rückenschwimmer eine unerwartet harte Landung beschert.

Sprechende Tänze

Erblüht ein Kirschbaum im Frühjahr zum ersten Mal, steht er am frühen Morgen noch ganz alleine da. Wenig später hat ihn die erste Honigbiene auf ihrem Erkundungsflug entdeckt. Und jetzt vergeht nur wenig weitere Zeit, bis der ganze Baum summt und brummt. Unmöglich, dass ihn alle Bienen zufällig gefunden haben! Unwillkürlich drängt sich der Gedanke auf, der erste Kundschafter habe im Bienenstock geplaudert – und so ist es tatsächlich.

Wieder war es Karl von Frisch mit seinen Mitarbeitern, dem es gelang, die Bienensprache zu entziffern und der im Vorwort seines Bienenbüchleins, 36 Jahre nach der Erstauflage und nach Jahr-

Die „Bienensprache": Tänze geben genaue Auskunft über Entfernung und Richtung von Nahrungsquellen.

zehnten der Forschung an seinem „Haustier", staunend schrieb: „Das Leben der Bienen gleicht einem Zauberbrunnen. Je mehr man aus ihm schöpft, desto reicher fließt er."

Könnten wir den erfolgreichen Kundschafter in den Stock begleiten, sähen wir ihn dort auf einer senkrechten Wabe eine eigenartige Tanzfigur beschreiben. Sie entspricht einer Acht – zwei nebeneinander liegende Ellipsen also, von denen eine linksherum, die andere rechtsherum beschritten wird. Auf dem mittleren Teil, einer kurzen Gerade, bewegt die Biene ihren Hinterleib schnell hin und her. Danach hat die ganze Bewegung ihren Namen: Schwänzeltanz. Im Takt mit den Schwänzelbewegungen lässt sie ein kurzes Schnarren mit einer Tonhöhe von 200–300 Hertz hören. Es entsteht dadurch, dass sie ihren Flugmotor bei „entkuppelten" Flügeln, also quasi im Leerlauf, jeweils kurz aufheulen lässt. Dabei entstehen Vibrationen, die von den Waben übertragen werden und, zusammen mit dem Sekret einer Duftdrüse, andere auf die Tanzbiene aufmerksam machen – schließlich ist es im Bienenstock zappenduster.

Der Bienentanz findet meist auf leeren Waben statt, weil diese besser schwingen und deshalb die Botschaft weiter tragen. Immer mehr Bienen schließen sich jetzt der Vortänzerin an, nehmen mit den Fühlern intensiven Kontakt auf und laufen ihren immer gleichen Tanzschritten hinterher. Wenig später sind sie auf dem Weg zum Kirschbaum.

Der Tanz birgt also Informationen, und zwar im Wesentlichen zwei. Erstens gibt er über das Tanztempo die Entfernung zur Futterquelle an. Je näher sie liegt, desto schneller durchläuft die Biene ihre Acht. 30 Durchgänge pro Minute bedeuten eine Entfernung von 500 Metern, 16 Runden/Minute 1 km, 12 Runden 2 km, 8 Runden 5 km. Ausschlaggebend ist dabei die Zeit, die die Tänzerin für die Schwänzelstrecke braucht, die ja durch den leerlaufenden Flugmotor auch akustisch und durch Wabenvibrationen markiert wird. (Nebenbei bemerkt: Liegt die Nahrungsquelle im Nahbereich in maximal 100–150 m Umkreis, ändert sich sogar die Tanzfigur. Die Biene führt dann einen „Rundtanz" auf.)

Um eine Entfernungsangabe machen zu können, muss die Wegstrecke natürlich auch gemessen werden können. Von Frisch vermutete, dass der Kraftaufwand beim Flug als Kilometerzähler diene. Herrscht Gegenwind oder führt der Flug bergauf, wird nämlich tanzend eine größere Entfernung angegeben als bei Rückenwind in der Ebene. Versuche, die erst in den letzten Jahren gemacht wurden, deuten auf ein anderes Messverfahren. Demnach stiegen die Entfernungsabgaben, wenn die Landschaft (im Experiment schwarz-weiß gemusterte Röhren zwischen Stock und Futterquelle) sehr strukturreich war und sanken, wenn die Flugbahn über eher eintöniges Gebiet führten. Zwar können auf diese Weise unterschiedliche Angaben für gleich weit entfernte Objekte entstehen; da aber alle Bienen den gleichen „Fehler" machen, ist das egal.

Die zweite Information gibt die Richtung an. Von Frisch bemerkte, dass die Achterbahn nicht immer gleich orientiert ist. Die Schwänzelstrecke kann nach senkrecht, schräg oder waagerecht, nach oben oder nach unten verlaufen. Und darin steckt verschlüsselt die Richtungsangabe. Verläuft die Schwänzelstrecke genau senkrecht nach oben, bedeutet das: Ihr findet den Kirschbaum, wenn ihr genau auf die Sonne zufliegt. Verläuft sie nach unten, müssen die Nachfolgerinnen genau entgegengesetzt der Sonne fliegen. Weicht die Schwänzelstrecke um 70° nach links von der Vertikalen ab, liegt die Richtung der Futterquelle 70° links von der Sonne usw.

Dabei wird sogar im tiefen Dunkel des Bienenstocks mit berücksichtigt, dass die Sonne währenddessen weiterwandert (bzw. die Erde sich unter der Sonne weiterdreht) und sich dem entsprechend auch der Tanzwinkel etwas ändern muss – ein weiterer klarer Hinweis darauf, dass Honigbienen über eine Innere Uhr verfügen, die zuverlässig tickt. Auf diese Weise können Bienen mit den beiden beim Schwänzeltanz übermittelten Informationen (Entfernung und Richtung) unter Verwendung des Sonnenstandes (oder des polarisierten Himmelslichts) als Orientierungshilfe jeden Punkt zielgenau ansteuern.

Schnurgerade durch die Wüste

Klassische Wüste – Sanddünen, soweit das Auge reicht. Leblos? Nicht ganz! Mittendrin ist eine Silberameise unterwegs. Keineswegs gemächlich, sondern auf hohen Stelzenbeinen rennend bewegt sie sich fort. Zeitweise erreicht sie eine Geschwindigkeit von einem Meter pro Sekunde, das sind immerhin etwa 3,5 km in der Stunde, für uns gemächliches Spaziertempo, für den zentimetergroßen Fußgänger aber eine erstaunliche Geschwindigkeit.

Schnurgerade verläuft der Kurs der Ameise. Plötzlich aber ist sie wie vom Sandboden verschluckt. Wohin sie verschwunden ist, zeigt erst die genaue Nachsuche: ein kleines Loch im Boden, der Eingang zum unterirdischen Bau.

Was für Karl von Frisch die Honigbienen waren, sind für den Züricher Biologen Rüdiger Wehner die Wüstenameisen der Gattung *Cataglyphis*, die in mehreren Arten die Wüsten Nordafrikas besiedeln. Die Silberameise durchstreift die Sanddünen, andere Arten die topfebenen Salztonflächen oder Steppenböden. Alle hat Wehner über Jahre auf ihren Wegen begleitet, um herauszufinden, wie sie heimfinden.

Anders als viele unserer heimischen Ameisen gehen die Wüstenameisen alleine auf Jagd. In ungeordnetem Suchlauf durchstreifen sie die Umgebung in der Hoffnung, auf Beute zu treffen. Bei diesen gefährlichen Expeditionen – im Schnitt überleben die futtersuchenden Arbeiterinnen in dem deckungsarmen Terrain kaum eine Woche – sind sie manchmal mehrere hundert Meter unterwegs und entfernen sich bis zu 200 m vom unterirdischen Bau.

Haben sie Erfolg und finden ein in der Wüstenhitze liegengebliebenes Insekt oder überwältigen Beute, treten sie mit ihr den Heimweg an. Und nun passiert das Erstaunliche: Ohne zu zögern treffen die Ameisen ihre Richtungswahl und laufen ohne nach links oder rechts abzuweichen geraden Wegs zum Nest! Wie ist das möglich? Umgerechnet auf unsere eigenen Proportionen hieße das, nach einem 50-km-Marsch kreuz und quer durch die weitgehend strukturlose Wüste schnurstracks nach Hause zu finden – ein hoffnungsloses Unterfangen! Die Ameisen schaffen das, indem sie auf dem Hinweg sämtliche Wegstrecken und Richtungen messen und addieren.

Vektornavigation nennen das die Biologen. Als „Vektor" bezeichnen Mathematiker eine Strecke mit einer bestimmten Länge und Richtung. Gelingt es, diese Strecken alle korrekt aneinander zu setzen (die Vektoren also zu addieren), lässt sich schließlich Länge und Richtung des Vektors berechnen, der einen nach Hause bringt. Was wir allenfalls im Mathe-Unterricht auf dem Papier fertig bringen, machen die Wüstenameisen in freier Wildbahn. Die Länge der zurückgelegten Strecken wird vielleicht über die Laufgeschwindigkeit und/oder die Schrittzahl ermittelt, für die präzise Richtungsmessung sorgt, wie bei den Bienen, ein Kompass, der mit polarisiertem Licht arbeitet.

Ein winziger Fehler in der Rechnung sorgt natürlich trotzdem manches Mal dafür, dass die Ameise am errechneten Zielpunkt nicht ganz genau am Eingang des Baues landet. Dann läuft sie nicht ziellos weiter – das würde in der Wüste den sicheren Tod bedeuten – sondern beginnt, in einer immer weiter werdenden Spirale die Umgebung zu untersuchen. Das führt über kurz oder lang meist zum Erfolg. Dass die Ameise für den Heimweg „nur" die Richtung und die Länge der Strecke kennt, nicht aber die genaue Lage des Ziels, lässt sich mit einem einfachen Versuch beweisen. Versetzt man sie 20 Meter nach Westen, läuft ihr Programm unverändert ab und bringt sie an einen Punkt 20 Meter westlich ihres Wunschziels.

Anders als Bienen haben Wüstenameisen nicht drei, sondern nur zwei Typen von Sinneszellen im Auge, die maximal auf Grün bzw. UV ansprechen. Ansonsten funktionieren die Dinge ähnlich: Bei Bienen wie bei den Ameisen können nur die UV-empfindlichen Sinneszellen polarisiertes Licht wahrnehmen. Der „Eingang" für den Polarisationskompass liegt am oberen Rand der Facettenaugen, wo die Einzelaugen verstärkt mit UV-Rezeptoren bestückt sind und eine streng parallele Ausrichtung der Sehfarbstoffmoleküle in den einzelnen Sinneszellen für eine deutliche Wahrnehmung der Schwingungsrichtung des Lichtes sorgt.

Der Kompass funktioniert natürlich nur, wenn irgendwo blauer Himmel zu sehen ist. Bei vollständiger Bewölkung verzichten die Wüstenameisen auf weite Ausflüge und bleiben in der Nähe des Nestes. Das ist aber in den extremen Trockengebieten, in denen sie leben, nur sehr selten der Fall.

Sehende Geschlechtsorgane

Zu den optischen Leistungen der Insekten zählt noch eine Kuriosität, die ich Ihnen hier nicht vorenthalten will. Viele Insekten haben äußerst kompliziert gebaute Geschlechtsorgane, deren passgenaue Form dazu beiträgt, dass sich nur Männchen und Weibchen derselben Art erfolgreich miteinander paaren können. Normalerweise sorgen dafür mechanische Strukturen nach dem Prinzip von Schlüssel und Schloss.

Bei einer der vielen Schwalbenschwanz-Arten (*Papilio xuthus*) helfen zusätzlich Lichtrezeptoren im Genitalapparat des Männchens dabei, die Dinge in die richtige Position zu bringen. Erst wenn diese erreicht ist, werden alle Lichtrezeptoren abgeschattet. Dann ist garantiert, dass die Kopulation perfekt vonstatten gehen kann.

Wärme

Mord im Dunkeln

Ein gemütlicher Kachelofen strahlt Wärme aus – nichts anderes als „Licht", das etwas langwelliger ist als das, was wir wahrnehmen, wenn wir „rot" sehen: Infrarot-Strahlung.

Registriert wird diese Strahlung von unserem Körper also nicht vom Auge. Für die Wärme- wie für die Kältemessung sind Sensoren in der Haut zuständig. Sie messen nicht die Außentemperatur, sondern die Innentemperatur der Haut, weshalb die „gefühlte" Temperatur von der tatsächlichen Außentemperatur erheblich abweichen kann. Ein kleines Beispiel: Die heiße Luft aus einem elektrischen Händetrockner wird, solange die Hände feucht sind und durch Verdunstung gekühlt werden, nur als warm empfunden. Sobald die Hände trocken sind, wird's unangenehm heiß.

Die Grubenottern, zu denen sowohl die berüchtigte Klapperschlange als auch der nicht weniger giftige Buschmeister gehören, können Infrarotstrahlung dagegen direkt wahrnehmen (also nicht über den Umweg erwärmter Haut). Tote, auf Umgebungstemperatur abgekühlte Beutetiere interessieren sie nicht, eine künstliche Wärmequelle zieht sie dagegen ebenso an wie eine lebende Maus.

Das dafür zuständige Organ liegt in der namengebenden Grube, einer deutlich sichtbaren Vertiefung zwischen Nase und Auge. Sie enthält eine dünnes, stark mit Nervenausläufern versorgtes Häutchen, das eine nach außen geöffnete Kammer von einer inneren trennt. Das Grubenorgan arbeitet vermutlich nicht wie der Film einer Infrarotkamera, bei der die Strahlung, ähnlich wie im Auge, von einem Farbstoff absorbiert wird und einen chemischen Effekt auslöst.

Wahrscheinlicher ist, dass das Organ direkt auf eine leichte Temperaturerhöhung anspricht. Wenn auch ein Anstieg von 0,003 °C an der Membran die Schlange schon reagieren lässt, ist doch verständlich, dass die Wärmewahrnehmung durch die „Infrarotaugen" nur im Nahbereich funktioniert, und zwar gewöhnlich im Bereich zwischen fünf und 25 Zentimetern, selten auch bis zu einem halben Meter. Schließlich sind die Temperaturunterschiede zwischen einer Maus und dem umgebenden Wüstenboden oft nicht besonders groß. In kühlen Nächten lassen sich die warmen Beutetiere dagegen leichter aufspüren.

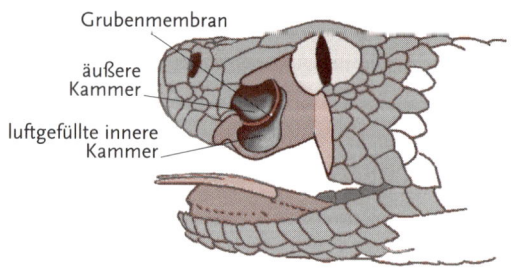

Grubenmembran

äußere
Kammer

luftgefüllte innere
Kammer

Das „Infrarotauge" einer Grubenotter spricht auf minimale Temperaturveränderungen an.

Die Grubenorgane erlauben (wie viele paarig angeordneten Sinnesorgane) durch Vergleich der links und rechts ankommenden Reize und die Einsenkung in eine Vertiefung übrigens auch eine zielgenaue Ortung der Wärmequelle bis auf wenige (Winkel-) Grad genau.

Neben den Grubenottern besitzen auch die Riesenschlangen Wärmesensoren, die Lippenorgane. Dort enden unter verdünnten Schuppen Nerven, die auf Temperaturänderungen ansprechen und vor allem auf Infrarotstrahlung reagieren, wie sie von knapp 40 Grad warmen Objekten ausgeht. Die meisten anderen Schlangen aber verlassen sich bei der Ortung ihrer Beute vor allem auf ihr Feingefühl (→ S. 52) und ihr Riechvermögen (→ S. 140).

Feuermelder

Ebenfalls von Wärme angezogen fühlen sich manche Insekten. Der zu den Prachtkäfern gehörende einheimische Schwarze Kiefernprachtkäfer *(Melanophila acuminata)* zum Beispiel hat einen siebten Sinn fürs Feuer. Der ist für ihn auch lebensnotwendig, denn ohne Feuer unterm Hintern funktioniert seine Fortpflanzung nicht.

Die Larven des Käfers wachsen in der Bastschicht frisch verbrannten Holzes – und nur dort. Das könnte ein Problem sein, weil das Auftreten von Waldbränden gewöhnlich sehr unregelmäßig und nicht vorhersagbar ist. Der Käfer findet aber solche Kinderstuben dank seines ungewöhnlichen Temperatursinns.

Unmittelbar hinter dem mittleren Beinpaar sitzen am Bruststück des Käfers hoch empfindliche Infrarotsensoren. Sie reagieren sofort auf minimale Veränderungen der Außentemperatur. Dabei wird die Wärme nicht direkt gemessen; die Infrarotstrahlung sorgt für eine Erwärmung der Oberfläche, die sich daraufhin ausdehnt. Das erzeugt einen mechanischen Reiz, der dann von Sinneszellen aufgenommen und weitergeleitet wird. Vermutlich können die Käfer damit einen größeren Waldbrand, der gewöhnlich Temperaturen zwischen 700 und 1000 Grad entwickelt, noch auf über zehn Kilometer Entfernung orten. Normalerweise eher selten zu beobachten, treffen die zentimetergroßen Insekten wenig später oft zu Hunderten oder Tausenden am Brandherd ein und legen unmittelbar nach dem Abflauen des Feuers ihre Eier unter die verkohlte Rinde der Bäume.

Warum aber fallen die „Feuerkäfer" nicht auf andere Wärmequellen herein, an denen in unserer industrialisierten Welt nun wahrlich kein Mangel herrscht? Dabei hilft den Käfern ihr Fühler, der als „Nase" arbeitet (→ S. 112). Brennendes Kiefernholz erzeugt ein Rauchgas mit einer sehr charakteristischen Zusammensetzung. Für einzelne seiner Bestandteile sind die Käferantennen so empfindlich, dass sie noch ein Nanogramm (also ein Milliardstel Gramm) pro Liter Luft erkennen.

Ein einziger angekohlter Baum erregt die Antennen der Käfer bei schwachem Wind noch in über einem Kilometer Entfernung, ein ganzer Waldbrand mit seiner enormen Rauchentwicklung wird noch in wesentlich größerem Umkreis wirken und den Käfern damit eine klare Auskunft geben, ob es sich lohnt, der Wärmequelle entgegenzustreben oder ob falscher Alarm vorliegt. Wahrscheinlich lässt der Brandgeruch die Käfer abheben und löst Orientierungsflüge oberhalb der Baumkronen aus. Im freien Luftraum kann dann der Wärmefühler besser arbeiten als im dichten Wald.

Inzwischen gibt es sogar schon Überlegungen, ob sich das empfindliche „Näschen" der Käfer nicht als Biosensor für die Frühwarnung in waldbrandgefährdeten Gebieten einsetzen lässt. In ersten Versuchen wurden isolierte Käferantennen mit Mikrochips und Signalverstärkern verbunden, sodass die elektrischen Impulse der biologischen Rauchmelder erkannt und von technischen Systemen ausgewertet werden können.

Auch im fernen Australien gibt es einen „Feuerkäfer" (Merimna atrata), der merkt, wenn's irgendwo brennt. Er gleicht in seiner Biologie dem Kiefernprachtkäfer und gehört ebenfalls zur Familie der Prachtkäfer. Bei ihm sitzen die Infrarotsensoren allerdings an einer anderen Stelle, nämlich an vier Stellen des Hinterleibs, und sie arbeiten auch ganz anders: Sie sprechen nämlich tatsächlich (wie die der Schlangen) direkt auf Wärmestrahlung an, arbeiten also nicht über einen „mechanischen Umweg" wie die des Kiefernprachtkäfers.

Im Labor ließen sich noch bei einem Temperaturanstieg von nur 0,7 °C Reaktionen des Käfers (bzw. seiner angezapften Nerven) nachweisen. Zwar kommt das noch lange nicht an die Feinfühligkeit einer Klapperschlange heran, allerdings vermutet man, dass ein nicht durch experimentierende Biologen in unnatürlicher Labor-Umgebung gestresster Käfer noch viel feineres Gespür entwickelt und schon erheblich geringere Temperaturunterschiede bemerkt. Das würde dann genügen, um Waldbrandgebiete auch aus größerer Distanz sicher zu orten. Die unterschiedliche Lage und der völlig abweichende Bau der Infrarotorgane sind klare Hinweise darauf, dass diese Methode der Fernerkundung bei beiden Prachtkäferarten unabhängig voneinander entstanden ist.

Thermometerhühner

Ob etwas (zu) heiß oder (zu) kalt ist, kann fast jedes Lebewesen feststellen. Aber ein absoluter Temperatursinn ist schon etwas ganz besonderes. Manche Großfußhühner, die mit zwölf Arten zwischen knapp Haus- und fast Truthuhngröße in Südostasien verbreitet sind, haben ihn.

Sie haben äußerst unkonventionelle Methoden entwickelt, ihre Eier auszubrüten oder vielmehr ausbrüten zu lassen. Statt ein Nest zu bauen und die Eier selbst zu wärmen, wie es Vogelbrauch ist, las-

max.   38°

33°C

min.   29°

sen sie brüten. Manche Arten graben ihre Eier einfach an sonnenbeschienenen Stränden im Sand ein, andere nutzen die Erdwärme in der Umgebung vulkanisch geheizter Quellen oder Lavafelder, wieder andere häufen einen große Hügel aus erdigem Sand und Pflanzenteilen an, in die das Weibchen die Eier legt. Hier sorgt die Verrottungswärme wie in einem Komposthaufen dann für die nötige Temperatur, die aber immer intensiv kontrolliert werden muss, denn hier können leicht Temperaturen entstehen, die die Eier sofort zum Absterben bringen.

Besonders gut untersucht ist das Thermometerhuhn – sein Name ist Programm. Es brütet (oder lässt brüten) im trockenen Busch Australiens, wo die Lufttemperaturen zwischen -8 °C nachts und +46 °C tagsüber schwanken können. Damit hier die gesammelten Blätter nicht einfach vertrocknen und verwehen, wird der Bruthaufen weitgehend unterirdisch angelegt.

In monatelanger Arbeit gräbt der Hahn eine Grube, die bei einem Durchmesser von drei Metern etwa einen Meter tief ist. Anschließend wird sie mit Blättern gefüllt und, nachdem der Winterregen für die nötige Feuchtigkeit gesorgt hat, mit Sand bedeckt. Wo vorher die Grube lag, wird schließlich ein knapp meterhoher Hügel mit bis zu fünf Metern Durchmesser aufgehäuft. Nun wird von oben eine Eierkammer gegraben, von grobem Material vollständig befreit und wieder mit einer isolierenden Sandschicht abgedeckt. Damit ist das Nest fertig. Sobald die Temperatur im Nesthügel auf etwa 30 °C gestiegen ist, beginnt die Henne mit der Eiablage. Ein bis zwei Kubikmeter Sand müssen weggeschafft werden, bis die Brutkammer freiliegt und ein Ei gelegt werden kann. Alle paar Tage

Die Sonne, die Wärme verrottender Pflanzenteile und die „Abwärme" von Mikroorganismen brüten die Eier des Thermometerhuhns aus. Der Hahn sorgt durch seine vielfältigen Aktivitäten für eine weitgehend konstante Temperatur von 33 Grad.

wird diese Arbeit wiederholt, bis das Gelege komplett ist – und das bedeutet: bis zu 34 mal!

Jetzt ist wieder der Hahn allein in der Pflicht. Ständig kontrolliert er, ob die Temperatur im Hügel stimmt – die Eier entwickeln sich schließlich nur in einem bestimmten, recht engen Temperaturoptimum erfolgreich. Dazu steckt er den Kopf tief in den Bruthügel und zieht ihn, manchmal den Schnabel mit Sand gefüllt, wieder heraus. Vermutlich befindet sich das Thermometer also im Schnabel auf Zunge oder Gaumen.

Um die Temperatur im Brutofen zu regulieren, werden gezielt Höhlen gebuddelt, um die Hitze abzuleiten, oder mehr Erde aufgeschüttet, um gegen Kälte zu isolieren, oder der Hügel aufgegraben und mit nächtens gekühlter Erde gefüllt. Damit gelingt es dem Hahn, die Temperatur innen gleichmäßig bei 33 +/- 1 °C zu halten – oft sieben Monate lang, denn so lange kann die Brutsaison dauern. Bei einem Legeintervall von sechs Tagen und 25 Eiern verstreichen schon fünf Monate, bis alle Eier gelegt sind, zwei weitere, bis die letzten Jungen erscheinen. Die Jungen schlüpfen nach einer extrem langen „Brut"zeit von meist 62 bis 64 Tagen fast voll befiedert und flugfähig aus den ungewöhnlich großen und dünnschaligen Eiern, arbeiten sich anschließend nach außen und sind sofort völlig selbstständig.

Und zum Schluss noch etwas zum Gruseln: Auch Vampire reagieren auf Wärme. Nicht von Dracula aus Transsylvanien ist hier die Rede, sondern vom Gemeinen Vampir, einer kleinen blutleckenden (nicht blutsaugenden!) Fledermausart Südamerikas. Vampire nähern sich nächtens schlafenden Warmblütern, Vögeln oder Säugetieren also, und saugen eine winzige Hautfalte an, die sie dann mit rasiermesserscharfen Zähnen so abschneiden, dass anscheinend kaum etwas zu spüren ist. Anschließend lecken sie das austretende Blut auf. Eine kleine Transfusion, die leicht zu verschmerzen wäre, liefe man nicht Gefahr, dabei mit Tollwut infiziert zu werden. (Es ist also schon ein Körnchen Wahrheit an den alten Geschichten, dass vom Vampir Gebissene selber zur Gefahr werden können. Meist trifft es aber nicht Menschen, sondern Haustiere.)

Die Haut in den Nasengruben der Vampire enthält zahlreiche freie Nervenendigungen, die auf Wärme ansprechen. Darunter verhindert eine dichte, isolierende Bindegewebsschicht, dass die Wärmestrahlung des eigenen Körpers die Wahrnehmung stört. Sicher melden die Wärmesensoren nicht schon von weitem, wo sich eine Landung und langsames Anpirschen auf allen vieren lohnt. Aber im Nahbereich leisten sie vermutlich gute Dienste.

„Tanz der Vampire": Zu Fuß und durch Wärmeabstrahlung geleitet, nähern sich die Blutliebhaber einer Nahrungsquelle.

Riechen
und Schmecken

Feines Näschen

Einer der Biologen, die ich besonders verehre, ist der französische Insektenforscher Jean Henri Fabre (1823–1915), der in seinem verwilderten Garten im provencalischen Serignan mit einer unglaublichen Geduld Tiere beobachtet und dabei zahlreiche Lebensläufe und Anpassungen bei Insekten erstmals entdeckt und beschrieben hat.

Seine zehn Bände der „Souvenirs entomologiques", entstanden zwischen 1879 und 1907, zeigten eine faszinierende Welt und bescherten den viel geschmähten Insekten in breiten Gesellschaftsschichten erstmals das Interesse, das sie verdienen – populäre Wissenschaft par excellence.

Einige Kostproben aus seinem Aufsatz über das Große Nachtpfauenauge, mit einer Spannweite von bis zu 14 Zentimetern der größte mitteleuropäische Schmetterling und zugleich einer der schönsten, mögen das belegen. (Sie sind gleichzeitig Dokumente einer vergangenen Zeit. Ein heutiger Wissenschaftler dürfte so nicht mehr schreiben, wollte er von seinen Kollegen ernst genommen werden.)

Fabre hatte die an Mandelbäumen lebenden Raupen gesammelt, die sich später verpuppten. Ein frisch geschlüpftes Weibchen setzte er unter eine Drahtglocke – um noch in derselben Nacht eine wahre

Invasion von Männchen zu erleben, die durchs offene Fenster seines Laboratoriums geflogen kamen, ein Schauspiel, das sich fortan allnächtlich wiederholte:

„Jedesmal kommen die Schmetterlinge, einer nach dem andern, sobald es dunkel geworden ist, zwischen 8 und 10 Uhr. Das Wetter ist stürmisch, der Himmel stark verschleiert und die Finsternis so tief, daß man im Freien kaum die Hand vor den Augen zu sehen vermag."

Der Beobachtung folgt die Frage des Forschers: „Welche Apparate leiten den großen Schmetterling in der Brunft, wenn er durch die Nacht wandert? Man könnte zunächst an die ansehnlichen, borstigen Fühler denken, mit denen die Männchen in der Tat den Raum zu durchforsten scheinen. Bilden diese doppelt gekämmten Federbüsche einen bloßen Schmuck, oder spielen sie gleichzeitig eine Rolle bei der Wahrnehmung der Ausdünstung des Weibchens, die den Verliebten zu diesem führt?"

Eine durchaus üblicher (wenn auch etwas radikal anmutender) Versuch sollte dies klären helfen: Fabre beraubte einige der Männchen ihrer prächtigen Fühler, die sie so auffällig von den Weibchen unterscheiden, und zog mit seinem Weibchen im Drahtkäfig auf die andere Seite des Hauses. Obwohl das Ergebnis die Vermutung bestätigte – kaum einer der operierten Schmetterlinge erschien abends dort – war Fabre damit noch nicht zufrieden.

Zwar schien die kleine Amputation den Faltern keinen weitergehenden Schaden zu machen, Fabre hatte aber bemerkt, dass sich die Lebensspanne der männlichen Falter nur in wenigen Tagen bemaß und auch unversehrte (aber markierte) Tiere nur selten ein zweites Mal erschienen.

In Fabres Worten: „Das Nachtpfauenauge wird durch die Paarungshitze schnell verzehrt. Die Hochzeit bildet den alleinigen Zweck seines Lebens, und hierfür ist das Männchen mit einem wunderbaren Vorzug begabt. Auf die größte Entfernung, mitten durch die Finsternis und die Hindernisse weiß es das ersehnte Weibchen zu entdecken, jedoch nur wenige Stunden stehen ihm an zwei oder drei Abenden für sein Suchen und seine Ergötzung zur Verfügung. Wenn es diese Zeit nicht auszunutzen vermag, so ist alles zu Ende: der so genaue Kompaß gerät in Unordnung, das leuchtende Fanal erlischt. Wozu dann noch länger leben? Der Schmetterling zieht sich in einen Winkel zurück zu seinem letzten Schlummer – am Ende der Illusionen wie auch der Mühsale."

Der Hintergrund dieses dramatischen Szenarios: Fabre hatte herausgefunden, dass die Mundwerkzeuge des Nachtpfauenauges verkümmert sind. Ohne die Möglichkeit, Nahrung aufzunehmen und nur ausgestattet mit dem Vorrat, den die Raupe vor ihrer Verwandlung angesammelt hat, steht dem Falter, bildlich gesprochen, nur eine einzige Tankfüllung zur Verfügung, die für zwei oder drei Lebenstage ausreicht. Das Weibchen hält etwas länger durch. Im Verlauf von acht Tagen zog Fabres „Versuchskaninchen" 150 Männchen an. Weitere Versuche folgten also, denen Fabre einige grundsätzliche Überlegungen voranstellt:

„Es können nur drei Informationsmittel in Betracht kommen: das Licht, der Schall und der Duft. Vom Sehen kann natürlich bei Entfernungen von mehreren Kilometern nicht die Rede sein, und die Akustik muss gleichfalls aus dem Spiele bleiben. Der dickbäuchige Schmetterling, der die Männchen aus so weiter Ferne anlockt, gibt nicht das leiseste Geräusch von sich, und wenn wir an innere Schwingungen und Zuckungen denken, die vielleicht mittels eines Mikrophons von höchster Feinheit wahrnehmbar wären, so fällt diese Möglichkeit doch bei so beträchtlichen Entfernungen fort.

Es bleibt uns also noch der Duft, und wirklich scheint die Annahme einer riechenden Emanation besser als alles andere das Herbeieilen der Männchen zu erklären, die zumeist erst nach einem gewissen Schwanken den Reiz auffinden, der sie angelockt hat. Dürfen wir wirklich dabei an Ausströmungen denken, die dem entsprechen, was wir Duft nennen, – flüchtige Substanzen von äußerster Feinheit, die wir durchaus nicht wahrnehmen und die trotzdem imstande sind, auf ein besser begabtes Riechorgan als das unsrige einzuwirken? Ein ganz einfaches Experiment ist zu machen; es handelt sich darum, etwaige Ausströmungen zu maskieren, sie unter einem mächtigeren und andauernden Duftstoff zu ersticken und abzuwarten, was dann geschieht. Ich schütte also vorab eine gehörige Menge Naphthalin in dem Gemach aus, wohin die Männchen am Abend gelockt werden sollen, und stelle sogar eine damit gefüllte große Schale unter die Drahtglocke neben das Weibchen. Es riecht wie in einer Gasfabrik, trotzdem kommen die Männchen wie gewöhnlich und fliegen durch die mit Teer geschwängerte Luft des Zimmers auf die Drahtglocke mit der gleichen Sicherheit der Richtung los wie in einem geruchlosen Raum. Mein Vertrauen auf das Riechen als Orientierungsmittel ist erschüttert ...“

Schließlich denkt Fabre auch darüber nach, ob andere als die uns vertrauten Sinneswahrnehmungen beteiligt sind:

„Die von Hertz nachgewiesenen elektrischen Wellen haben bekanntlich zur Ermöglichung der drahtlosen Telegraphie geführt. Verfügt das der Puppe entschlüpfte Weibchen des Nachtpfauenauges, um die kilometerweit entfernten Freier zu benachrichtigen, vielleicht auch über elektrische oder magnetische Schwingungen, die eine Umhüllung aus dem einen Material hemmt, aus einem anderen dagegen passieren läßt? Bedient es sich auf seine Art etwa auch einer Telegraphie ohne Draht?“

Und er experimentiert weiter, hält das Weibchen in allen möglichen Gefäßen und bemerkt, dass zwar luftdicht geschlossene und mit dicken Watteschichten abgedichtete Gefäße die männlichen Falter von ihrem Besuch abhalten, schließt die „drahtlose Telegraphie“ damit aus, bringt die Duftstoffe wieder ins Spiel, testet auch eine weitere Art, das Kleine Nachtpfauenauge, ohne andere Ergebnisse zu erhalten und legt die Sache schließlich nach Jahren ad acta.

Später knüpft er mit neuen Versuchen mit dem Eichenspinner, einer tagaktiven Schmetterlingsart, wieder an seine Überlegungen an. Erneut hält er Weibchen, die Männchen herbeilocken. Dieses Mal hilft der Zufall weiter: Eines Tages fliegen alle Männchen an dem unter einer dichten Glasglocke sitzenden Weibchen vorbei und sammeln sich an der Drahtglocke, unter der das Objekt ihrer Begierde vorher auf einem kleinen, in Sand gesteckten Zweig gesessen hatte. Das überzeugt Fabre endgültig davon, dass seine ursprüngliche Vermutung, die Düfte übertrügen die Nachrichten, richtig war: „Das ist sein Lockmittel, sein Liebestrank, der die Welt der Eichenspinnermännchen revolutioniert. Es ist also doch der Duft, der die Schmetterlinge leitet und sie in der Ferne benachrichtigt."

Und nach vielen weiteren Experimente stellte er befriedigt fest: „Der Nachweis ist somit gelungen: um die Schmetterlinge der ganzen Umgebung zur Hochzeit zu laden, sie in der Ferne zu benachrichtigen und sie zu geleiten, sendet das heiratsfähige Weibchen einen ungemein feinen Duft aus, der für menschliche Riechorgane gar nicht wahrnehmbar ist. Von dieser Quintessenz wird jeder Gegenstand leicht durchdrungen, auf dem das Weibchen einige Zeit ruht, und er wird dann ein ebenso wirksamer Anziehungspunkt, wie das Weibchen selbst, so lange der Duft nicht verflogen ist. Zu sehen ist durchaus nichts von diesem Lockmittel ..."

Pheromone: jedes Molekül zählt

Wie Fabre richtig feststellte: Es bedarf ganz anderer Nasen als unserer, um die Lockstoffe der Nachtfalter zu riechen. Schließlich ist die Botschaft auch nicht an jedermann gerichtet, sondern nur an die Männchen der eigenen Art. Weil die Botenstoffe in äußerst geringer Konzentration wirken und äußerst spezifische Wirkungen hervorrufen, wie wir das von den Hormonen innerhalb des Körpers kennen, bezeichnet man sie als Pheromone.

Heute nehmen sich Wissenschaftler nicht mehr die Zeit, die Fabre noch hatte, als er mehrere Jahre hintereinander viele Stunden daran wandte, Raupen oder Puppen des Nachtpfauenauges zu suchen, um nachher mit den Faltern Versuche anstellen zu können. Moderne Wissenschaftler arbeiten oft mit Labortieren, die leicht zu züchten sind und immer zur Verfügung stehen, Essigfliegen, Krallenfröschen oder Ratten zum Beispiel.

Bei der Pheromonforschung spielte diese Rolle der Seidenspinner, seit Jahrtausenden ein Haustier, leicht zu züchten und in Massen verfügbar. Und das war nötig: Eine halbe Million weiblicher Duftdrüsen mussten „ausgequetscht" werden, um wenige Milligramm des Lockstoffs zu isolieren, die dann chemisch identifiziert werden konnten – eine Arbeit, die erst vor etwa 50 Jahren (also lange nach Fabres Tod) gelang. Bombykol, benannt nach *Bombyx,* dem wissenschaftlichen Namen des Seidenspinners, war dann das erste Pheromon, das auch künstlich hergestellt wurde. Gut für die Wissenschaftler, die damit eine Möglichkeit hatten, das Geruchsvermögen der Insekten näher zu untersuchen.

Die übergroßen Antennen männlicher Nachtfalter filtern in unvorstellbar geringer Konzentration vorhandene Duftstoffe aus der Luft.

Gut aber auch für alle, die unter Insekten zu leiden haben. Nach Erfindung effektiver Insektenvernichtungsmittel (DDT und Konsorten) und einigen Jahrzehnten ihres ziemlich hemmungslosen Einsatzes rückten nämlich die gewaltigen Nebenwirkungen dieser chemischen Keulen allmählich immer mehr ins Bewusstsein. Die hoch giftigen und äußerst stabilen Verbindungen vernichteten neben den Schädlingen, für die sie eigentlich gedacht waren, auch deren natürlichen Feinde, die sich von diesem Schlag oft viel langsamer wieder erholten. Zudem reicherten sie sich in den Nahrungsketten derart an, dass sich schließlich auch der Mensch unter die Betroffenen zählen musste.

Pheromone bieten da einige Vorteile: Es sind ungiftige Naturprodukte, die in extrem geringer Konzentration äußerst effektiv arbeiten, und sie sprechen nur eine einzige Art gezielt an. So wundert es nicht, dass die Schädlingsbekämpfung heutzutage sowohl im Gewächshaus als auch im Freiland – Sie kennen vielleicht die Borkenkäferfallen im Nadelwald – auf Pheromone zurückgreift, mit denen möglichst viele Männchen angelockt und vernichtet werden sollen. Dass mittlerweile die Struktur solcher chemischer Botenstoffe für zahlreiche Arten aufgeklärt wurde, hat also handfeste wirtschaftliche Ursachen.

Mit dem Bombykol stand erstmals die Substanz in reiner Form zur Verfügung, mit der man das sagenhafte Geruchsvermögen der Nachtfaltermännchen – in diesem Fall der Seidenspinner – genauer testen konnte. Dass die Männchen dieser Art flugunfähig geworden sind, schadet nicht weiter. Ihre Reaktionen auf die Düfte des Weibchens sind dennoch eindeutig: Sie zittern mit den Antennenspitzen, beginnen mit den Flügeln zu schwirren und drehen sich in Richtung Duftquelle. Schon bald hatte man herausgefunden, dass die „Nase" tatsächlich, wie schon Fabre vermutet hatte, auf den riesigen, verzweigten Fühlern lag. Dort sitzen verschiedene Rezeptoren, die meist die Form winziger Härchen mit kleinen Poren haben – 50 000 sind es beim Seidenspinner.

Natürlich tragen die Schmetterlingsfühler nicht nur Bombykol-Empfänger. Schon rein äußerlich lassen sich mehrere Typen von Riechhärchen unterscheiden, die auf ganz unterschiedliche Düfte ansprechen und keineswegs immer auf ganz bestimmte Duftstoffe spezialisiert sein müssen. Seidenspinnen-Männchen haben 17 000 Bombykol-Rezeptoren pro Antenne; bei den Weibchen sprechen gleich gebaute Strukturen auf Futterdüfte an – die Prioritäten der Geschlechter sind also durchaus verschieden ... Die Antennen „sieben" die Duftmoleküle aus der Luft sehr effektiv aus. Über ein Viertel der Pheromon-Moleküle, die sich nur ganz vereinzelt in der durchströmenden Luft finden, wird aufgefangen.

Fast unglaublich, wie empfindlich diese Messinstrumente arbeiten: Ein einziges Molekül Bombykol genügt, um einen Nervenimpuls, wenn auch noch kein Schwirren, auszulösen! Zu einer erkennbaren Reaktion des Falters kommt es erst bei etwas höheren Konzentrationen. Das ist durchaus sinnvoll, denn Nervenzellen schicken gelegentlich auch spontan Impulse los, sodass eine Art „Hintergrundrauschen" entsteht, das keinerlei Information birgt. Erst wenn sich die Erregung von Nervenzellen deutlich von diesem Hintergrund abhebt, lohnt sich eine Reaktion. Dazu müssen die Antennen etwa 170 Moleküle des Pheromons einfangen. Das klingt viel, ist aber in Wirklichkeit fast unvorstellbar wenig: Es genügt, wenn der Falter im Experiment zwei Sekunden lang mit Luft angepustet wird, die ein einziges Molekül Bombykol unter 10^{15} = einer Million Milliarden anderer Gasmolekülen enthält. Die Fühler sind damit tausendmal empfindlicher als die besten je gebauten technischen Messfühler.

Mittlerweile werden die Fühler der Insekten in der biologischen Bekämpfung weit verbreiteter Schädlinge wie Apfel- oder Traubenwickler sogar selbst als Messgeräte eingesetzt. Dabei werden Insektenfühler mit elektronischen Geräten kombiniert, welche die Nervensignale auffangen und verstärken (→ S. 100).

Die Schmetterlingsweibchen setzen die Sexuallockstoffe aus einer Drüse am Hinterleibsende frei. Sie verbreiten sich mit dem Wind und bilden eine verwirbelte Duftfahne, ähnlich wie Rauch, der einen Schornstein verlässt. Natürlich weiß ein Männchen, das sie erschnuppert, zunächst noch nicht genau, wo sich das Weibchen befindet. Es pflegt deshalb zunächst gegen den Wind zu starten: Diese Richtung kann so falsch nicht sein.

Allerdings: Jeder, der einmal versucht hat, einem leckeren Duft folgend das ersehnte Café zu finden, weiß, dass das gar nicht so einfach ist. Mal wirbelt ein günstiger Windstoß eine ganze Nase Kaffeeduft herbei, dann wieder schnuppert man vergeblich.

Den Faltern geht es nicht anders. Sie kreuzen deshalb in einem Zickzack-Kurs schräg und quer zur Windrichtung, wobei sie die Richtung immer dann wechseln, wenn die Duftkonzentration stark nachlässt. So gelangen sie automatisch in Gebiete immer größerer Duftstoff-Konzentration. Das führt schließlich unweigerlich zum Ziel. (Schon Fabre hatte sich gewundert, wie wenig zielstrebig die schon bis ins Experimentierzimmer vorgedrungenen Falter sich verhielten – bis zum Schluss behalten sie ihre Zickzack-Strategie bei.)

Dass die Männchen tatsächlich aus großer Entfernung angelockt werden, auch das schon eine Vermutung Fabres, bestätigte sich ebenfalls in entsprechenden Versuchen. Beim (flugfähigen) chinesischen Seidenspinner *Arcticas selene* schaffte es im Experiment immerhin ein Viertel der Männchen, ein Weibchen noch aus einer Entfernung von elf Kilometern zu orten und aufzufinden!

Die Zahl der Nachtfalter-Arten, die auf diese Weise nächtens duftend ihren Liebsten locken, geht in die Tausende. Zumindest bei Schmetterlingen, die das gleiche Verbreitungsgebiet und dieselbe Flugzeit haben, müssen die Lockstoffe so spezifisch sein, dass es zu keinen Missverständnissen kommt. Das ließe sich leicht erreichen, wenn alle Arten ganz unterschiedliche Botenstoffe verwenden würden. So ist es aber keineswegs. Manches Pheromon besteht aus einem Wirkstoffcocktail, wobei verschiedene Schmetterlingsarten einfach unterschiedliche Mischungsverhältnisse verwenden, um das spezifische Parfüm herzustellen. Auch unser Seidenspinner springt nicht nur auf Bombykol an. Die Sinneshärchen auf seinen Fühlern enthalten jeweils zwei Nervenenden, von denen eines auf Bombykol, das andere auf das chemisch ähnliche Bombykal reagiert.

Tele-Kommunikation mittels Pheromonen ist nicht auf Insekten beschränkt. Ein weiteres Beispiel: Weibliche Trichternetzspinnen locken Männchen ebenfalls auf diese Weise ins Netz. Die Paarung kann für Spinnenmännchen allerdings leicht nicht nur zum Höhepunkt, sondern auch zum Endpunkt des Lebens werden.

Es ist bei Spinnen nämlich gar nicht so unüblich, dass das meist viel kleinere Männchen nach oder sogar schon während der Paarung von seiner Liebsten verspeist wird (was Evolutionsbiologen ganz kühl als sinnvolle Investition in die Nachkommenschaft interpretieren, weil das Männchen sich so ganz auf den Akt konzentrieren kann und ein Maximum an Sperma übertragen wird. Außerdem kann das dann wohlgenährte Weibchen mehr oder besser mit Nährstoffen versorgte Eier produzieren).

Schon die Annäherung ist schwierig. Oft übermitteln spezielle Tastsignale dem Weibchen, dass ein Freier im Anmarsch ist (→ S. 58). Auch das Männchen der Trichternetzspinne nähert sich dem Weibchen langsam tanzend. Dann aber verlässt es sich lieber auf die chemische Keule. Es gibt ein Pheromon ab, durch das das Weibchen stundenlang betäubt wird: Zeit, um die Begattung in aller Ruhe und ohne Gefahr für das eigene Leben zu vollziehen.

Ob auch wir über Pheromone verfügen und auf solche ansprechen? Entsprechende Geschichten geistern regelmäßig, sensationell aufgemacht, durch den bunten Blätterwald. Dass unser Geruchssinn eine entscheidende Rolle in zwischenmenschlichen Beziehungen spielt, ist unbestritten: Wenn jemand uns „stinkt" oder wir jemanden „nicht riechen können", hat das oft ganz natürliche Wurzeln. Spontane Sympathie oder Abneigung hängen durchaus mit dem Körpergeruch zusammen.

Pheromone allerdings sind, wir erinnern uns, Stoffe, die in extrem niedriger Konzentration klar definierte Reaktionen auslösen, ohne vermutlich selbst als Geruch wahrgenommen zu werden. Vielleicht entsteht die berühmte „Liebe auf den ersten Blick" ja gar nicht auf den ersten Blick, sondern auf die erste Nase voll Pheromonen? Ganz so weit sollten wir wohl nicht gehen (es wäre gar zu desillusionierend). Aber die Feststellung der Mediziner, dass sich – um nur ein Beispiel zu nennen – in aus mehreren Frauen bestehenden Wohngemeinschaften deren Monatszyklus allmählich synchronisiert und dass dabei Geruchsinformationen eine wesentliche Rolle spielen, beweist, dass auch wir Menschen hier unbewussten Einflüssen unterliegen.

Auslöser sollen unter anderem Abkömmlinge von Sexualhormonen sein – Hormone sind im Gegensatz zu den Pheromonen Botenstoffe, die innerhalb des Körpers wirken – die nach außen abgegeben werden und von spezialisierten Zellen in zwei Einstülpungen der Nasenschleimhaut wahrgenommen werden, die links und rechts an der Nasenscheidewand liegen. Diese werden dem Jacobsonschen Organ oder Vomeronasalorgan zugeordnet (→ S. 140), das bei vielen Säugetieren als blind endender Schlauch in die Nasen- oder Mundhöhle mündet und in erster Linie dafür zuständig ist, Informationen über Sexualpartner einzuholen.

Auffällig ist das vor allem bei vielen Huftieren, die dabei „flehmend" die Lippen vorstülpen und die Schnauze heben. Nebenbei bemerkt: Dass die Sau so scharf auf Trüffel ist und sie zur Freude aller Feinschmecker, die mit ihrem Trüffelschwein unterwegs sind, auch extrem gut orten kann, liegt daran, dass die unterirdischen Pilze zufällig den Sexuallockstoff des Ebers verströmen ...

„Flehmend" prüft der Zebrahengst, ob die Stute rossig ist.

Riechen und Schmecken – unterschiedliche Sinne?

Für uns Menschen keine Frage, denn schon die beteiligten Sinnesorgane sind verschieden. Fürs Schmecken ist die Zunge zuständig, zum Riechen haben wir die Nase. Dass beides miteinander zu tun hat, bringt manche Erkältung an den Tag. Wenn die Nase so verstopft ist, dass das Geruchsvermögen auf der Strecke bleibt, leidet auch der Geschmackssinn so stark, dass die Mahlzeit nicht mehr schmeckt. Jeder Feinschmecker kann bestätigen, dass der halbe Genuss am guten Essen durch die Nase vermittelt wird. Auch der Volksmund unterscheidet nicht immer klar. Zumindest im Süddeutschen bedeutet das Wort „Schmecken" auch „Riechen".

Schmecken und Riechen – bei beidem geht es um die Prüfung chemischer Stoffe. Der Geruchssinn nimmt gasförmige Stoffe wahr, die mit der Luft in die Nase gelangen, der Geschmackssinn feste und flüssige Substanzen, die in die Mundhöhle geraten. Soweit gilt das für uns Menschen und darüber hinaus für alle landlebenden Wirbeltiere, also außer für Säugetiere auch für Vögel, Reptilien und Amphibien.

Bei wasserlebenden Tieren aber wird diese Unterscheidung schnell sinnlos. Welse zum Beispiel besitzen auf dem ganzen Körper sehr empfindliche Chemo-Sensoren. Aber wer wollte nun entscheiden, ob sie damit schmecken oder riechen? Einfacher ist es wieder bei Insekten. Hier gilt alles als Schmecken, was mit der Prüfung (in Wasser) gelöster Stoffe zu tun hat, während wir es, wie bei den Landwirbeltieren, als Riechen bezeichnen, wenn sich die Substanzen als Gase in der Luft befinden.

Unser Schmetterlingsbeispiel der letzten beiden Kapitel handelt also eindeutig vom Riechen, zeigt aber auch, dass Riechen durchaus nicht immer durch eine klassische Nase vermittelt werden muss.

Schmecken und Riechen, als chemische Sinne zusammengefasst, helfen dabei, Nahrung zu finden und auf ihre Genießbarkeit
zu testen. Außerdem dienen sie vor allem der Partnersuche und
darüber hinaus gehenden sozialen Zwecken. Gerüche spielen zum
Beispiel in der Welt der meisten Säugetiere eine überragende Rolle.
Sie dienen der Paarfindung und -bindung, informieren über die
Paarungsbereitschaft, knüpfen und festigen das Band zwischen Eltern und Kindern, grenzen Reviere ab, verraten anschleichende
Feinde und vieles mehr. Auch wir Menschen, eigentlich „Augentiere" (→ S. 71), vertrauen den Gerüchen. In erster Linie geht es da-

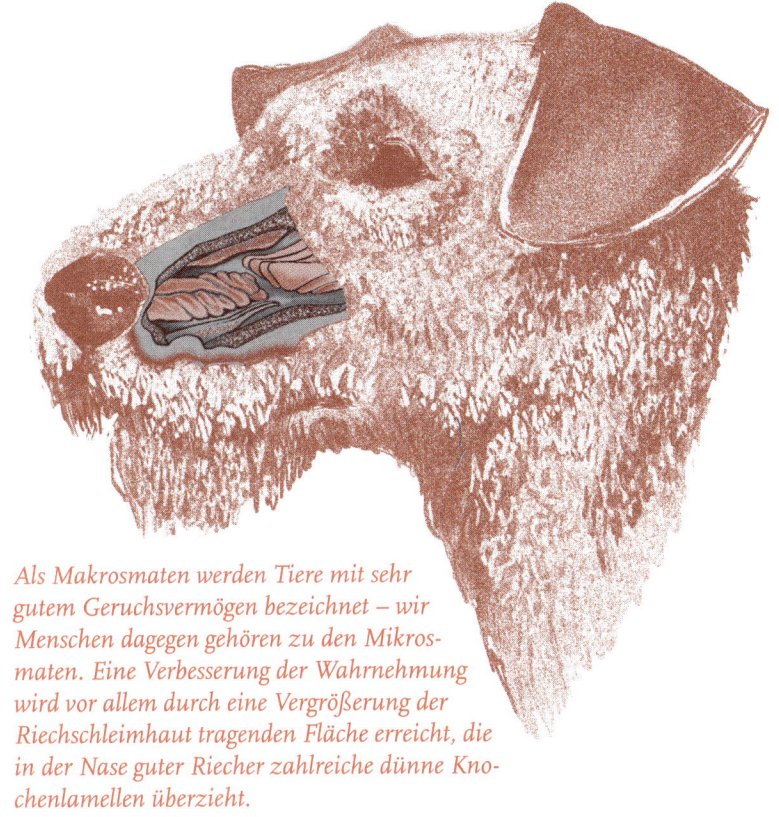

Als Makrosmaten werden Tiere mit sehr
gutem Geruchsvermögen bezeichnet – wir
Menschen dagegen gehören zu den Mikros-
maten. Eine Verbesserung der Wahrnehmung
wird vor allem durch eine Vergrößerung der
Riechschleimhaut tragenden Fläche erreicht, die
in der Nase guter Riecher zahlreiche dünne Kno-
chenlamellen überzieht.

bei um die Prüfung von Essbarem, darüber hinaus fällen wir mithilfe unseres Geruchssinnes aber auch manche andere (Vor-)Urteile (→ S. 117).

Trotzdem spielt unser Geruchssinn, obwohl wir wohl etwa zehntausend verschiedene Geruchsempfindungen unterscheiden können, keine besonders herausragende Rolle. Das zeigt schon ein grober Vergleich innerhalb der Säugetiere.

Bei Arten, die einen guter Riecher haben, ist die Nasenhöhle durch zahlreiche dünne Knochenlamellen gegliedert, die mit Riechschleimhaut überzogen sind; bei uns dagegen ist die Nasenhöhle kaum unterteilt. So kommen wir nur auf eine geringe Riechschleimhaut-Gesamtfläche: 5 cm² beim Menschen stehen zum Beispiel 85 cm² beim Airedale-Terrier, einem großen Hund, gegenüber.

Das spiegelt sich auch in der Zahl der in die Schleimhaut eingelagerten Riechzellen wider: 20 Millionen bei uns, 230 Millionen beim Hund. Durch Anzapfung der Riechnerven mit feinsten Messinstrumenten lässt sich belegen, dass beim Hund bereits einzelne Fettsäuremoleküle registriert werden (ob der Hund dabei schon eine Geruchsempfindung hat, ist damit allerdings noch nicht belegt). Bei uns Menschen müssen schon eine Million Moleküle ankommen, bevor sich etwas tut. Auf dieser Basis werden einige fantastische Leistungen schnüffelnder Hunde bei der Bergung von Lawinenopfern, bei der Suche nach vermissten Personen oder beim Aufspüren von Sprengstoffen und Drogen verständlich.

Noch empfindlicher als Hundenasen sind viele Insektenantennen (→ S. 112). Das kann man sich gelegentlich sogar nutzbar machen. Insekten als Rauchmelder wurden bereits vorgestellt (→ S. 99). In Amerika wird sogar daran gearbeitet, eine neue Luftwaffe auszubilden: Honigbienen, die innerhalb weniger Stunden mithilfe von Belohnungen durch Zuckerwasser auf das Erkennen von DNT dressiert werden können. DNT ist ein häufiger Bestandteil vieler Sprengstoffe.

Ein paar Worte zum guten Geschmack

Der Geschmackssinn ist, im Gegensatz zum Geruchssinn, immer ein Nahsinn. Die zu testenden Substanzen sind letztlich in Flüssigkeiten gelöste Chemikalien, die direkten Kontakt mit den Sinneszellen haben müssen, die dann den Geschmack vermitteln (wo auch immer die sitzen – sie müssen nämlich nicht unbedingt im Mund sein). Eigenständige Sinnesorgane fehlen bei vielen „niederen" Tieren. Bei Wirbeltieren und Gliederfüßern sind sie dagegen hoch entwickelt.

Geschmeckt wird, jedenfalls von Menschen, lediglich in vier, nach neuen Erkenntnissen möglicherweise sogar fünf Kategorien: Zu den altbekannten Grundempfindungen salzig, sauer, süß und bitter kam kürzlich der vor allem mit proteinreicher Nahrung wie Fleisch oder Soja verbundene, in Japan „umami" genannte Geschmack, für den es im Deutschen keinen eigenen Ausdruck gibt. „Umami" ist der Geschmack von Aminosäuren, den Bausteinen der Proteine, bzw. deren Salzen. Dazu gehört zum Beispiel das von der Lebensmittelindustrie als „Geschmacksverstärker" eingesetzte Glutamat.

Außerdem spielt beim Schmecken auch die Beschaffenheit der Nahrung eine Rolle, das „Mundgefühl". Pürierte Zwiebel ist, im Gegensatz zur geschnittenen, zum Beispiel gar nicht sofort identifizierbar. Dass auch die Nase eine Rolle spielt, wurde bereits erwähnt. Wer einmal, ein beliebter Partyscherz, mit verbundenen Augen und zugeklemmter Nase herzhaft in eine Zwiebel gebissen hat, weiß, dass der Geschmackssinn eine ganze Weile braucht, um „Zwiebel" zu melden.

Auch bei Insekten dient der Geschmackssinn hauptsächlich dazu, Fressbares zu erkennen und von Ungenießbarem zu unterscheiden. Außerdem testen sie auch den richtigen Eiablageort. Viele Insektenlarven entwickeln sich zum Beispiel nur an oder in bestimmten Futterpflanzen, die natürlich von der treu sorgenden Mutter erst erkannt werden müssen. Schließlich scheinen bei sozialen Insekten nicht nur Düfte, sondern auch der Geschmack eine Rolle bei der Kommunikation zu spielen und vielleicht helfen Geschmacksstoffe gar bei der Artbestimmung.

Dieses Problem stellt sich ja nicht nur dem Entomologen, der Millionen von Arten auseinanderhalten muss, sondern auch den Insekten selber, die sich zunächst als artgleich erkennen müssen, bevor sie sich näher miteinander einlassen. Die für den Geschmackssinn der Insekten zuständigen Sinnesorgane befinden sich ebenfalls überwiegend in der Nähe des Mundes – verständlich angesichts ihrer Hauptaufgabe als Nahrungsmittelkontrolleure. Meist sind es dünne Haare, deren äußerste Spitze chemisch reizbar ist.

Bei der Schmeißfliege *Phormia regia* hat ein solches Geschmackshaar meist fünf ableitende Nerven: einer registriert die Biegung des Haares, dient also dem Tastsinn, ein weiterer spricht auf Zucker an, ein dritter auf Wasser, ein vierter und fünfter ist empfindlich für Salze und verschiedene andere Substanzen. Insekten können also ähnlich den Wirbeltieren verschiedene Geschmacksqualitäten unterscheiden. Aber es gibt natürlich auch Unterschiede: Chinin, ein Bitterstoff, den Menschen nur in sehr geringer Dosierung in Getränken angenehm finden, kann Bienen auch in hoher Konzentration nicht davon abhalten, ihr Zuckerwasser zu trinken.

Geschmackshaare können (wie der Geruchssinn) auf den Antennen liegen, auf den die eigentliche Mundöffnung umstehenden Mundwerkzeugen, auf dem Ovipositor, dem Eilegeapparat also, oder auf den Endgliedern der Beine. Ganz praktisch für die Fliege, die auf dem Kuchenstück landet: Schon ihre Füße informieren sie darüber, dass es sich hier lohnt, den Rüssel auszufahren.

Für die Fernorientierung ist der Geruchssinn dagegen von viel größerer Bedeutung. Ein paar Beispiele bringen die nächsten Kapitel.

Lachse: immer der Nase nach

Manche Fischarten verbringen einen Teil ihres Lebens im Süßwasser, den anderen im Meer. Der Aal gehört dazu, der im Meer laicht (wobei die Aale aus Europa erst ein paar tausend Kilometer reisen müssen, bis sie in der Sargasso-See vor Mittelamerika Hochzeit machen), und der Lachs, der sich wie das Meerneunauge, der Stör oder der Maifisch im Süßwasser fortpflanzt.

Die Weibchen der Lachse legen dazu im Winter im seichten, schnell fließenden Wasser der Oberläufe große Gruben im Kies an: Dort laichen sie ab. Die Befruchtung ist, wie bei Fischen üblich, eine äußere. Trotzdem gibt das Männchen seinen Samen erst nach ausgeprägtem Balzspiel zu den Eiern, die dann mit Kies abgedeckt werden. Brutpflege entfällt – die meisten Eltern sterben bald darauf. Nur wenige erholen sich von den Strapazen der langen Wanderung zu den Laichplätzen, der Rivalenkämpfe und des Laichens selbst.

Die im kalten Wasser erst nach 70–200 Tagen (je wärmer, desto schneller) schlüpfenden Junglachse müssen sich zunächst, winzig klein, wie sie sind, gegen die heftige Strömung behaupten. Bereits jetzt passiert etwas Entscheidendes: Die kleinen Fische prägen sich den Duft (oder Geschmack) ihres Heimatgewässers genau ein. Sie werden ihn ihr ganzes Leben lang nicht mehr vergessen.

Ein bis zwei Jahre später, sie sind jetzt etwa 15–20 cm lang, verlieren sie allmählich ihre dunkel quergebänderte und gefleckte Kinderfarbe und wandeln sich zum silbrigen „Blanklachs", lassen sich treiben und wandern Richtung Meer. Silber ist die typische Tarnfarbe der im freien Wasser lebenden Meeresfische. Der Übergang ins salzhaltige Meerwasser ist aber nicht nur mit einem Farbwechsel verbunden, sondern auch mit zahlreichen anderen Änderungen der Körperfunktionen.

Im offenen Meer, Hunderte oder gar Tausende von Kilometern von der nächsten Küste entfernt, wachsen die Lachse schnell heran.

Aus dem Fraser River in den Rocky Mountains stammende Blaurückenlachse wurden im Pazifik gefangen, markiert und später vor Vancouver Island wieder kontrolliert. Die Wiederfunde zeigen, dass die Fische nahezu pausenlos und in ziemlich gerader Linie zielgerichtet Richtung Heimat schwimmen.

Packt sie dann der Geschlechtstrieb, zieht es sie nach Hause – in genau den Fluss, den Oberlauf, ja sogar zu dem Kiesnest, in dem sie selbst Jahre vorher aus dem Ei geschlüpft sind. Auch wenn sich die einzelnen Gruppen aus verschiedenen Flüssen, verschiedenen Ländern oder gar verschiedenen Kontinenten im Meer vermischt hatten, jetzt sortieren sie sich wieder nach Herkunft. Aus einem riesigen Gebiet streben die Fische ihrer heimischen Flussmündung zu.

Markierungsversuche an pazifischen Blaurückenlachsen (nahen Verwandten des Atlantischen Lachses, der auch in Mitteleuropa heimisch ist) ergaben, dass die Lachse, haben sie sich zur Heimkehr in den Fraser River entschlossen, vermutlich ziemlich geradlinig und zielstrebig schwimmen. Die zurückgelegten Entfernungen waren gewaltig. Ein paar tausend Kilometer sind keine Ausnahme; der Rekord lag bei 5600 km!

Der zweite Teil ihrer Reise findet nun im Süßwasser statt. Immer gegen die Strömung schwimmend, Stromschnellen meisternd und selbst höhere Hindernisse mit beeindruckenden Sprüngen überwindend, arbeiten sich die jetzt etwa 60–100 cm großen Lachse flussaufwärts. Auch hier können die Strecken noch beachtlich sein, etwa wenn der Atlantische Lachs bis zum Oberrhein wandert. Den Yukon, den größten Fluss Alaskas, müssen die vom Pazifik kommenden Lachse gar noch bis zu 2500 km hinaufwandern, bevor sie ihre Laichplätze erreichen.

Dabei gilt es auch, mannigfaltigen Gefahren auszuweichen, Bären etwa, die an Stromschnellen lauern, ob ihnen nicht ein fetter Lachs vor die Krallen springt, oder Anglern, die versuchen, die begehrten Speisefische mit künstlichen Fliegen zu locken, was gar nicht so einfach ist, weil die Lachse ihre Nahrungsaufnahme im Süßwasser allmählich einstellen.

Haben sie's geschafft, folgen Erfüllung – und Tod. Die pazifischen Lachse sterben nach der Fortpflanzung samt und sonders, während unter den atlantischen etwa 5 % wieder die Reise ins Meer antreten, um später ein weiteres Mal ihren Heimatfluss aufzusuchen.

Wie aber gelingt es den Lachsen, ihr Heimatgewässer wiederzufinden? Wie alle daraufhin untersuchten Tierarten haben auch Lachse einen Sonnenkompass (→ S. 17); außerdem können sie die Polarisationsrichtung des Lichtes wahrnehmen (→ S. 72). Beides kann dazu verwendet werden, eine bestimmte Richtung einzuschlagen, nicht aber einen bestimmten Punkt zielgenau anzusteuern.

Das heißt: Man kann sich zwar orientieren, nicht aber navigieren. Und das müssen die Lachse, wenn sie vom Meer kommend „ihre" Flussmündung finden wollen. Hier stehen wir also noch vor einem Rätsel. Besser untersucht ist der zweite Teil ihrer Reise, der, möglicherweise schon einige hundert Kilometer vor der Mündung im Meer beginnend, durchs heimatliche Fluss-System bis hin zu dem kleinen Quellfluss führt, in dem sie Jahre zuvor die ersten Flossenschläge machten. Und, so erstaunlich es klingt, es sind Gerüche, welche die entscheidenden Informationen bringen. Die Lachse schwimmen, im Sinne des Wortes, immer der Nase nach.

Hier ist vielleicht ein kurzer Einschub nötig: Haben Fische überhaupt eine Nase? Wir sind es so sehr gewohnt, Nasen mit Atmen in Verbindung zu bringen, dass wir oft vergessen, dass die eigentliche, die ursprüngliche Aufgabe der Nase das Riechen ist. Bei Fischen sind die beiden Funktionen streng getrennt: Geatmet wird mit den Kiemen, gerochen mit der Nase. Sie sitzt genau dort, wo wir sie bei allen Wirbeltieren erwarten, nämlich zwischen Mund und Auge. Die Nasenöffnungen sind kleine Gruben, die durch ein in der Mitte senkrecht stehendes Plättchen so zweigeteilt sind, dass vorne eine Ein- und hinten eine Ausströmöffnung entsteht. Der stark gefaltete Grubenboden ist mit Riechschleimhaut ausgekleidet. Eine Verbindung zum Mund- und Rachenraum besteht nicht.

Verstopft man den Lachsen diese Nase, leiden sie also nicht an Atemnot wie unsereiner bei Schnupfen, sondern werden nur ihres Geruchsvermögens beraubt. Genau das wurde bei der Suche nach der geheimnisvollen Orientierungsfähigkeit der Lachse gemacht.

Mehrere hundert flussaufwärts wandernde Lachse wurden oberhalb der Einmündung eines Nebenflusses gefangen und der Hälfte die Nase verstopft. Dann wurden alle unterhalb der Nebenflussmündung wieder ausgesetzt. Das Ergebnis: Die Lachse mit der verstopften Nase wussten nicht mehr, welcher Weg der richtige war und fanden sich zufällig verteilt im Haupt- und im Nebenfluss. Die anderen orientierten sich richtig und landeten wieder in dem Fluss, in dem die Biologen sie vorher gefangen hatten.

Werden junge Lachse in ihren ersten Lebenstagen also auf einen bestimmten Geruch geprägt, der einen bestimmten Fluss, ja sogar eine bestimmte Lokalität ganz unverwechselbar macht? Auch diese Vermutung wurde mit einem Versuch überprüft. Dazu wurden in das Wasser von Zuchtanlagen Chemikalien in winzigen Mengen zugegeben. Die Gerüche dieser Substanzen gehörten also zur Umwelterfahrung der jungen Lachse.

Drei Gruppen wurden gebildet: eine wuchs mit Morpholin-Zusatz im Wasser auf, eine zweite mit Phenylalkohol, eine dritte chemiefrei (solche unbehandelten Kontrollgruppen sind in biologischen Experimenten notwendig, um sicherzustellen, dass keine weiteren Faktoren den Versuch beeinflussen und seine Auswertung verfälschen). Als Versuchsgebiet wählte man den Michigansee im Nordosten Nordamerikas aus. Hier sind Lachse ursprünglich nicht heimisch. Der dort zur Fischerei ausgesetzte Kisutch-Lachs betrachtet den riesigen See als „Meer" und wandert zum Laichen in die Oberläufe der einmündenden Flüsse.

Damit überhaupt Ergebnisse zu erwarten waren, mussten sehr viele Versuchstiere eingesetzt werden. Schließlich wird nicht aus jedem ausgesetzten Jungfisch auch ein Erwachsener. Insgesamt nahmen 45 000 Lachse an dem Experiment teil. Sie wurden markiert und dann im Michigansee ausgesetzt.

18 Monate später – die Lachse wurden jetzt geschlechtsreif und damit wanderlustig – folgte der entscheidende Teil des Versuchs: In den Twin River gaben die Biologen Phenylalkohol, in den neun Kilometer entfernt mündenden Little Manitowoc River Morpholin – jeweils nur tropfenweise. Bei der Überwachung dieser beiden Flüsse (und 17 weiterer auf einer Uferlinie von 200 km) wurden etwa drei Prozent der ursprünglich markierten Lachse wieder gefangen.

Das Ergebnis: 92 % der mit Spuren von Phenylalkohol aufgewachsenen Lachse hatten den Twin River gewählt, nur 8 % hatten sich in andere Gewässer verirrt. Im Little Manitowoc River sah es nicht anders aus: über 93 % der auf Morpholin geprägten Lachse fanden den richtigen Fluss. Und was machten die Kontrollfische, die in Zuchtbecken ohne zusätzliche Duftstoffe aufgezogen worden waren? Sie zeigten keine Vorliebe und fanden sich zufällig verteilt in 15 der 19 beobachteten Flüsse.

Damit hatte man einen überzeugenden Beweis dafür, dass es tatsächlich der Geruchssinn ist, der die Lachse zielsicher nach Hause bringt. Was damit aber noch nicht klar war (und was man bis heute nicht weiß) ist, welche natürlichen Duftkomponenten denn nun tatsächlich ein Gewässer individuell markieren und ausschlaggebend für die Prägung und Orientierung der Lachse sind.

Jedenfalls aber macht der Lebenslauf der Lachse verständlich, warum sie bei uns vom Allerweltsfisch zur Seltenheit geworden sind. Wo die ohnehin anstrengende Wanderung flussaufwärts durch zahlreiche Staustufen und Wehre blockiert wird, wird der Weg in die Laichgewässer abgeschnitten. Zwar können Lachse noch Wasserfälle von drei Metern Höhe mit gewaltigen Sprüngen überwinden, das genügt aber nicht, um moderne Sperrwerke zu bezwingen. Hier sollen inzwischen Fischtreppen helfen, eine Reihe von Wasserbecken, mit denen der Höhenunterschied in Etappen überwunden werden kann.

Aber auch in den Oberläufen, so sie tatsächlich erreicht werden können, ist die Welt der Lachse nicht mehr in Ordnung. Die oftmals verbauten, verschmutzten und verschlammten ehemaligen Laichgewässer taugen nicht mehr als Kinderstube für die anspruchsvollen Edelfische. Sind Lachse in einem Stromsystem ausgestorben, lassen sie sich auch bei verbesserten Umweltbedingungen nicht mehr so ohne weiteres heimisch machen. Schließlich zieht kein Lachs „aus Versehen" in einen unbekannten Fluss.

Man muss also nachhelfen, mit der Aufzucht und dem Aussetzen von Fischbrut in den Oberläufen, die später als Laichgebiet dienen sollen. Und dann heißt es abwarten, ob Jahre später tatsächlich die erwachsenen Lachse dort auftauchen. Bei so vielen Wenns und Abers wundert es nicht, dass heute fast jeder im Rhein gefangene Lachs eine Zeitungsmeldung wert ist. Eine gesunde, stabile Lachspopulation in Deutschlands größtem Stromsystem wäre schließlich ein deutlicher Ausweis einer erfolgreichen Umweltpolitik.

Ameisen: der duftgesteuerte Staat

Kommunikation im ewigen Dunkel des Ameisenbaues? Dreierlei kommt einem da in den Sinn: Töne und Düfte auf die Entfernung, Tastreize im persönlichen Umgang miteinander. Tatsächlich setzen Ameisen all das ein, wobei die Gerüche eine entscheidende Rolle spielen. Ameisen stellen eine Vielzahl von chemischen Botenstoffen (Pheromonen) her, die das Sozialleben regeln helfen. Ich darf hier Bert Hölldobler und Edward O. Wilson zitieren, zwei „Ameisenpäpste", die ihren sechsbeinigen Krabblern nicht nur viele wissenschaftliche Veröffentlichungen, sondern auch ein ebenso unterhaltsames wie informatives Lesebuch gewidmet haben:

„Wir schätzen, dass Ameisen im Allgemeinen zwischen zehn und zwanzig solcher chemischer ‚Wörter' oder ‚Wortkombinationen' verwenden, mit jeweils einer anderen, aber stets sehr allgemeinen Bedeutung. Folgende Verhaltensweisen sind von den Verhaltensforschern am besten untersucht: das Anlocken, die Rekrutierung und Alarmierung von Nestgenossinnen, das Erkennen anderer Kasten, larvaler und anderer Lebenszyklusstadien und die Unterscheidung zwischen Nestgenossinnen und Fremden. Andere Pheromone von der Königin verhindern sowohl das Eierlegen ihrer eigenen Töchter als auch, dass sich ihre heranwachsenden

Töchter zu konkurrierenden Königinnen entwickeln. Wieder andere Pheromone, die wahrscheinlich von der Soldatenkaste (besonders großen Ameisen, die auf die Verteidigung der Kolonie spezialisiert sind) erzeugt werden, haben auch eine hemmende Wirkung und schränken den prozentualen Anteil der Larven ein, die sich zu Soldaten entwickeln."

Hergestellt werden die Pheromone in Duftdrüsen. Bei Ameisen sind bis jetzt etwa 38 Typen von Drüsen bekannt, die Stoffe nach außen abgeben. Nicht alle, aber ein großer Teil davon dienen der chemischen Kommunikation. Wie wir das bereits bei den Sexuallockstoffen der Nachtfalter-Weibchen kennengelernt haben, wirken die Pheromone in unvorstellbar geringen Konzentrationen.

Bei der Ameise *Solenopsis richteri* löst noch eine Menge von 10^{-14} oder 0,00000000000001 Gramm pro Quadratzentimeter eines solchen Botenstoffes Spurfolgeverhalten aus. Anders ausgedrückt: Mit einem Gramm dieses Stoffes ließe sich eine Strecke von einer Milliarde Kilometer Länge markieren (bei einem Erdumfang am Äquator von 44 000 km und einem Abstand zur Sonne von 150 Millionen Kilometern eine abenteuerliche Vorstellung).

Solche Substanzen markieren die Straßen der Ameisen, die zum Beispiel von ihren Bauen zu ergiebigen Futterquellen führen. Viele Ameisen halten sich Kolonien von pflanzensaugenden Läusen, die am Körperende auf gezieltes Betasten durch die Ameisen große Tropfen zuckerhaltiger Flüssigkeit ausscheiden – für die Ameisen oft eine der wichtigsten Kohlenhydratquellen.

In den Saftbahnen der Pflanzen, welche die Läuse anzapfen, sind Kohlenhydrate im Überfluss vorhanden, andere lebenswichtige Stoffe wie Proteine dagegen knapp. Um auf ihren Proteinbedarf zu kommen, müssen die Läuse deshalb viel mehr Saft abzapfen, als wegen der Zuckerversorgung eigentlich nötig. Überflüssige Kohlenhydrate werden deshalb, zur Freude der Ameisen, ausgeschieden. Honigtau besteht zu 90–95 % seines Trockengewichts aus Zuckern. Um sich die ergiebige Nahrungsquelle möglichst lange zu erhalten, bewachen und beschützen die Ameisen ihre Herden gegen Fressfeinde.

Duftspuren zu langlebigen Läusekolonien, wie sie vor allem in Bäumen zu finden sind, sind sehr stabil. Unterschiedlich starke Markierungen geben Informationen darüber, wie lohnend ein Ziel ist. Wo es nur kurz etwas zu holen gibt, werden Duftstoffe eingesetzt, die schnell verdunsten und nur wenige Sekunden oder Minuten dafür sorgen, dass Nestgenossinnen aufmerksam werden und der Spur folgen. Sie tun das, indem sie mit ihren Fühlern die Spur entlang fahren (die sie dabei aber nicht berühren müssen).

Wie die Schmetterlinge setzen auch die Ameisen oft keine reinen Substanzen, sondern Wirkstoff-Cocktails ein. Wenn die Weberameise *Oecophylla longinoda* ihre Nestgenossinnen vor Gefahr warnen will, gibt sie eine solche Mischung ab. Schlagartig breiten sich deren flüchtigste Anteile aus und machen innerhalb weniger Sekunden Ameisen im Umkreis von zehn Zentimetern aufmerksam. Durch einen weniger leicht verdunstenden Stoff werden gleichzeitig die Kolleginnen im näheren Umkreis von 5 cm angelockt. Zwei weitere Komponenten des Duftstoffes lösen in der unmittelbaren Nachbar-

Duftspuren markieren die Wege der Ameisen – auch solche zu ihrem Melkvieh, den Blattläusen, deren zuckerhaltige Ausscheidungen die Ameisen lieben.

schaft (also dort, wo sich neben dem Warner vermutlich auch die Gefahrenquelle befindet) das Zubeißen aus.

Zahlreiche Pheromone regeln das Verhalten der einzelnen Ameisen untereinander und sorgen dafür, dass der Superorganismus des ganzen Ameisenstaates reibungslos funktioniert. Dadurch entsteht ein spezieller „Nestgeruch" oder Koloniegeruch, der allen Angehörigen gemeinsam ist, an dem sie sich erkennen und an dessen Fehlen sie Fremde identifizieren.

Ameisen, die sich begegnen, überprüfen ihren Koloniegeruch gegenseitig in Blitzesschnelle. Ohne stehen zu bleiben, berühren sie sich in einer weitgehend festgelegten Bewegungsfolge mit den Fühlern, eine Art Ausweiskontrolle, bei der sie Freundin oder Feindin identifizieren.

Der Nestgeruch kann allerdings auch verloren gehen. Trennt man Nestgenossinnen im Versuch für einige Wochen voneinander, erkennen sie sich oft nicht wieder. Das ist auch verständlich, wenn man davon ausgeht, dass die „Duftuniform" nicht von jedem Individuum selbst produziert wird, sondern aus mehreren äußeren Komponenten besteht.

Besonders wichtig sind dabei die Düfte der Königin, die von den Arbeiterinnen beim Füttern und bei der gegenseitigen Körperpflege weitergegeben werden. Aber auch solche, die von Arbeiterinnen produziert oder aus der Umwelt aufgenommen werden, spielen eine Rolle. Vermutlich entsteht dadurch eine ganz bestimmte Mischung aus Kohlenwasserstoffen, die sich im wachsähnlichen äußersten Überzug der Insekten„haut" gut lösen. Solange der Duft stimmt, ist alles gut.

Selbst tote Ameisen werden erst entsorgt, wenn Zersetzungsgerüche nach ein bis zwei Tagen ihren Koloniegeruch überlagern. Dann werden sie auf dem Abfallhaufen der Kolonie deponiert. Auch dieses Verhalten wird nach Ameisenart durch ein „chemisches

Wort" ausgelöst. Markiert man nämlich eine quicklebendige Ameise mit Ölsäure, dem chemischen Wort für Leiche, wird sie gepackt und findet sich wenig später auf dem Abfallhaufen wieder. Erst wenn sie sich ordentlich geputzt hat, ist sie wieder willkommen im Ameisenstaat.

Ein von Forscherhand sauber gereinigter Ameisenkadaver dagegen stört nicht und wird nicht aus dem Nest getragen – er riecht nicht mehr nach Leiche. Im anonymen Ameisenstaat erlaubt die Ausweiskontrolle anhand des Koloniegeruchs, einer bestimmten Duftmischung, eine schnelle und effektive Entscheidung über die Staatsangehörigkeit. Fälschungssicher sind diese Ausweise aber durchaus nicht! Dazu mehr im nächsten Kapitel.

Die Königinnen – bei vielen Arten nur eine pro Nest, bei anderen auch mehr – haben das Fortpflanzungsmonopol im Ameisenbau. Selbst ein Fünf-Millionen-Volk, wie es bei Blattschneider-Ameisen vorkommen kann, besteht aus lauter Kindern einer Mutter, die im Lauf ihres Lebens etwa 150 Millionen Nachkommen haben kann: ein Volk aus Schwestern.

Die Arbeiterinnen (Männchen spielen außerhalb der Paarungszeit keine große Rolle) stellen, etwas salopp gesagt, ihr persönliches Glück gegenüber dem Gemeinwohl zurück. Sie dienen dem großen Ganzen. Die vollständige Entwicklung ihrer Geschlechtsorgane wird durch die Königin unterdrückt. Das funktioniert ebenfalls durch einen Duft, den das Staatsoberhaupt abgibt und der das ganze Nest durchzieht. Stirbt die Königin, was natürlich gelegentlich vorkommt, schwindet dieser Duft langsam; jetzt werden bei vielen Arten einige der Arbeiterinnen fruchtbar. Aus ihren unbefruchteten Eiern entstehen allerdings nur Männchen. Obwohl durch spezielle Ernährung aus einer der noch vorhandenen weiblichen Larven eine Ersatzkönigin aufgezogen werden könnte, tun die Ameisen das gewöhnlich nicht. Der Staat stirbt langsam aus.

Das ist aber durchaus kein häufiges Ereignis: Bei den meisten Ameisenarten leben die Königinnen um die fünf Jahre. Eine in Gefangenschaft gehaltene Königin der Schwarzgrauen Wegameise wurde gar fast 29 Jahre alt. Sind dagegen mehrere Königinnen im Nest, ist der Staat potenziell unsterblich.

Die Kleine Waldameise *(Formica polyctena)*, häufig in heimischen Wäldern, gehört zu diesen Arten. Bei ihr regieren zahlreiche (bis mehrere tausend) Königinnen über ein Volk, das einige Millionen Arbeiterinnen umfassen kann. Der Staat wird durch eigene Nachzucht von Königinnen oder Adoption jüngerer artgleicher Königinnen ständig verjüngt und kann deshalb über viele Jahrzehnte bestehen. Damit allerdings auch regelmäßig Königinnen-Nachwuchs entsteht, ziehen sich die regierenden Königinnen im Frühjahr in den kühlen „Keller" des Nestes zurück. Das lässt ihren hemmenden Duft schwinden und ermöglicht damit die Entstehung neuer Königinnen, die aus etwas größeren Eiern bei spezieller Pflege entstehen. Nur wenn die Königinlarven bei hoher Nesttemperatur von jungen, erst einmal überwinterten Arbeiterinnen mit Drüsensekreten gefüttert werden, klappt es. Herrscht dagegen Nahrungsmangel, wachsen sie zu Arbeiterinnen heran.

Der Nestgeruch kann sich bei manchen Arten, die mehrere Königinnen haben, auch weit über den eigenen Ameisenhaufen hinaus erstrecken. Die typischen Hügel der Kleinen Waldameise zum Beispiel stehen selten allein, und man versteht sich auch zwischenstaatlich. Der größte bekannte „Staatenverbund", innerhalb dessen Nahrung, Arbeiterinnen, Brut und sogar Königinnen ausgetauscht werden, wurde auf der japanischen Insel Hokkaido entdeckt: etwa 45 000 Nester auf 2,7 Quadratkilometern, in denen gut 300 Millionen Arbeiterinnen und eine Million Königinnen der Art *Formica yessensis* lebten. Überhaupt keine Grenzen kennt die berüchtigte Pharaoameise. Die tropische Art hat sich weltweit in Häusern eingenistet und bildet eine kosmopolitische Fortpflanzungsgemeinschaft.

Sozialparasiten

Die gut durchorganisierten Staaten der Ameisen ziehen alle möglichen anderen Lebewesen an, die auf Kosten der sozialen Insekten leben. Da Ameisen sehr wehrhaft sind und mit ihrer „Duftuniform", dem Nestgeruch, auch über eine wirksame Methode verfügen, zwischen Stammesmitgliedern und Fremden zu unterscheiden, ist es aber gar nicht so einfach, sich hier als Parasit einzuklinken.

Manche versuchen sich als eher harmlose Bettler oder Straßenräuber am Wegesrand wie der Glanzkäfer *Amphotis marginata*, der neben duftmarkierten Straßen der Glänzendschwarzen Holzameise wartet, um die mit honigtaugefülltem Kropf nach Hause eilenden Arbeiterinnen auszutricksen: Mit seinen Fühlern trommelt er auf den Ameisenkopf genau das Signal, das die Ameisen selbst untereinander verwenden, um sich zur Übergabe von Futter aufzufordern. Wird der Betrug bemerkt, stört das den Glanzkäfer wenig. Er zieht Beine und Fühler unter den breiten Rücken und krallt sich am Boden fest. Dermaßen geschützt können ihm die Ameisen nichts anhaben, und er kann abwarten, bis sie wieder ihrer Wege ziehen.

Die südostasiatische Raubwanze *Ptilocercus ochraceus* hat es auf die Ameisen selbst abgesehen. Um nicht ihrer geballten Abwehr anheim zu fallen, überlistet sie einzelne Tiere mit ihren eigenen Duft-Methoden: Mit Drüsen an der Unterseite sondert sie einen giftigen Stoff ab, der für Ameisen unwiderstehlich scheint. Steigt er ihnen in die Nase (oder besser: in die Fühler) verlassen sie die Ameisenstraße und nähern sich der Wanze. Schließlich lecken sie das Sekret direkt vom Bauch der hoch aufgerichtet vor ihnen stehenden Wanze, die ihnen dann die Vorderbeine um den Körper legt, mit dem Stich ihres Rüssels in den Nacken ihres Opfers aber wartet, bis das Gift wirkt. Ein sanfter Mord direkt am Straßenrand, der von niemandem bemerkt wird …

Andere wagen sich direkt in die Höhle des Löwen. Das geht allerdings nur, wenn man den „Ameisenausweis", ihren Koloniegeruch also, fälscht. Die Larven der Schwebfliegengattung *Microdon*, zentimetergroße merkwürdig aussehende Maden mit einer breiten schneckenartigen Kriechsohle, fressen Ameisenbrut, ohne dass sie von den Ameisen behelligt werden. Sie werden einfach nicht bemerkt, weil ihre Oberfläche mit dem Nestgeruch der Ameisen imprägniert ist.

Noch viel raffinierter nutzt der parasitische Kurzflügelkäfer *Atemeles pubicollis* das Sozialsystem der Ameisen aus. Er lässt sich von den Ameisen-Arbeiterinnen sogar versorgen! Das funktioniert, weil die Bettelbewegungen der Käferlarven denen der jungen Ameisen gleichen; größer und energischer als die Kinder ihrer Wirte, schaffen es die Käfer sogar, sich einen besonders großen Anteil zu sichern. Nebenher vergreifen sie sich aber auch an der Ameisenbrut. Dass sie selbst vor Kannibalismus nicht zurückschrecken, wenn sie einander in der Tiefe des Baues begegnen, lässt ihre Zahl (zum Glück für die Ameisen) nicht allzu sehr ansteigen. Chemische Signale sorgen dafür, dass die Käferlarve auch in anderer Hinsicht ganz als eigenes Kind betrachtet wird. Sie wird leckend gesäubert und, hat sie die Hand des Experimentators entfernt und vor dem Nesteingang abgelegt, wieder eingesammelt und in den Bau getragen.

Auch der Käferlarve ist es also, wie der der Schwebfliege, gelungen, den chemischen Code der Ameisen zu knacken und ihren Ausweis zu fälschen. Aber die Käfergeschichte ist hier noch nicht zu Ende.

Die Larve des Kurzflügelkäfers Atemeles lässt sich von Ameisen versorgen.

Irgendwann im Sommer verpuppen sich die Larven und der „fertige" Käfer schlüpft. Jetzt folgt ein Umzug. Während die Larve in Nestern der Ameisengattung *Formica* aufwächst (zum Beispiel bei der Kleinen Waldameise), zieht der Käfer zur Gattung *Myrmica*. Bei *Formica* gibt's nämlich im Winter nichts mehr zu holen, weil die Ameisen in der Zeit keine Larven großziehen.

Myrmica dagegen schon. *Atemeles* folgt den *Myrmica*-Duftspuren bis vor das Nest der neuen Gastfamilie. Jetzt lässt der Käfer seinen ganzen chemischen Charme spielen: Eine „Besänftigungsdrüse", deren Sekrete von der Ameise aufgeleckt werden, dämpft Aggression, falls nötig. Sekrete aus „Adoptionsdrüsen" bringen die Ameisen dazu, den Käfer als zugehörig anzuerkennen und in ihr Nest zu tragen. Und eine „Wehrdrüse" wird eingesetzt, falls es einmal nicht wie geplant funktioniert.

Dazu kommen natürlich die nötigen Gesten: Fühlertrillern gleich bei der ersten Begegnung, später auch Aufforderung zum Füttern. Auf die gleiche Weise gelingt auch der Heimzug im nächsten Jahr. Jetzt muss sich der Käfer wieder in ein *Formica*-Nest schmuggeln, wo er schließlich seine Eier legt. Der Kurzflügelkäfer *Atemeles*: ein faszinierendes Beispiel dafür, wie die ausgefeilte Kommunikation innerhalb des Ameisenstaates mit ihren eigenen Mitteln geschlagen wird.

Auch die Ameisen selbst setzen ihre Duftbotschaften manchmal zu „unlauteren" Zwecken ein. Die amerikanische Art *Formica subintegra* zum Beispiel. Sie gehört zu den gar nicht so wenigen Arten, die Sklaven halten, Ameisenpuppen rauben (und zwar meist die anderer Ameisenarten) und sich und ihren eigenen Nachwachs dann von den schlüpfenden Arbeiterinnen versorgen lassen. Weil dabei keine Königin geraubt wird, funktioniert das natürlich nur, wenn regelmäßig Sklaven-Nachschub organisiert wird. Das geht meist mit roher Gewalt – viele Sklavenhalter haben sehr kräftige dolchförmige Kiefer, mit denen sie jede Gegenwehr im überfallenen Staat ersticken. *Formica subintegra* macht es subtiler: Sie versprüht in den Nestern der Überfallenen eine Mischung verschiedener Pheromone, die den echten Alarmpheromonen ihrer Opfer so stark gleicht, dass sie tatsächlich Alarm auslöst. Weil die Angreifer den Alarmstoff aber aus riesigen Drüsen in hoher Konzentration freisetzen, sodass er sich nicht wie gewohnt schnell verflüchtigt, versetzt er die Angegriffenen in dauernde hektische und chaotische Aktivität, sodass die der Alarmierung normalerweise folgenden gezielten Abwehrmaßnahmen unterbleiben. Gleichzeitig wirkt das Duftgemisch anziehend auf die Angreifer, die dann leichtes Spiel haben.

Solche gezielten Fehlinformationen streut auch eine Schlupfwespenart, die es nicht auf die Ameisen selber abgesehen hat, sondern auf die in deren Obhut lebenden Raupen des Kreuzenzian-Ameisenbläulings (der in den Kreis der oben geschilderten Sozialparasiten gehört). Die Schlupfwespen müssen ihre Eier in die Raupen legen; diese werden dann von der Schlupfwespenbrut planmäßig ausgefressen. Das Problem für die parasitischen Wespen: Wie drankommen? „Chemische Waffen", die den ameiseneigenen Alarm-Duftstoffen sehr ähneln, aber wesentlich stärker und weniger flüchtig sind, lösen bei den Ameisen einen Bürgerkrieg aus. Im Chaos haben die Schlupfwespen leichtes Spiel. Keiner hält sie auf ihrem Weg ins Innere des Nestes auf, wo sie die Schmetterlingsraupen dann aufspüren und ihnen den verhängnisvollen Stich versetzen.

Ameisenhafte Säugetiere?

Ein typisches Ameisen-Merkmal ist ihre Eusozialität. Eusozial – was soviel heißt wie „echt sozial" – nennen Biologen Tierarten, die in Verwandtschaftsgruppen leben, bei denen sich jeweils nur wenige Tiere fortpflanzen, während die Mehrheit Helferdienste bei Aufzucht, Versorgung und Verteidigung tut.

Die staatenbildenden Insektenarten unter den Ameisen, Termiten, Bienen oder Wespen sind typische Beispiele für Eusozialität. Dass es so etwas auch bei Säugetieren gibt, ist noch gar nicht so lange bekannt. Erst im Jahr 1981 gelang es, bei den ziemlich grotesk aussehenden afrikanischen Nacktmullen, unterirdisch lebenden Nagetieren, nachzuweisen, dass sich in jeder Kolonie nur ein Weibchen fortpflanzt, während die anderen Helferdienste tun. Die Aggressivität der „Königin" und der dadurch verursachte Stress sorgen dafür, dass die Fortpflanzung der von ihr abstammenden Arbeiterinnen unterdrückt wird.

Wesentlich friedlicher geht es bei den Graumullen (ebenfalls unterirdische, afrikanische Nagetiere) zu. Man vermutete deshalb, dass hier, wie bei den Ameisen, Pheromone der Königin und Mutter wirken, eine interessante Parallele zum Ameisenstaat, die sich aber als falsch erwies. Dass sich bei Graumullen nur die „Königin" fortpflanzt, liegt an einer stark ausgeprägten Inzesthemmung zwischen den Geschwistern und zwischen Eltern und Kindern, die anscheinend auf persönlicher Kenntnis der Familienmitglieder beruht.

Trügerische Düfte

Blüten und Insekten gehen oft enge Beziehungen miteinander ein. Blüten bieten Nahrung in Form von Pollen oder Nektar, die Insekten sorgen als Gegenleistung durch den Pollentransport von Blüte zur Blüte für die Bestäubung. Oft ist diese Beziehung sehr exklusiv: Nur wenige Insektenarten werden angelockt und zugelassen. Dabei hat natürlich jeder der ungleichen Partner das Interesse, möglichst wenig zu investieren und maximal zu profitieren. Das treibt manchmal merkwürdige Blüten (im Sinne des Wortes).

Die Blüten der zu den Orchideen gehörenden Ragwurz-Arten bieten keinen Nektar. Sie gleichen in Form und Farbe dem Hinterleib

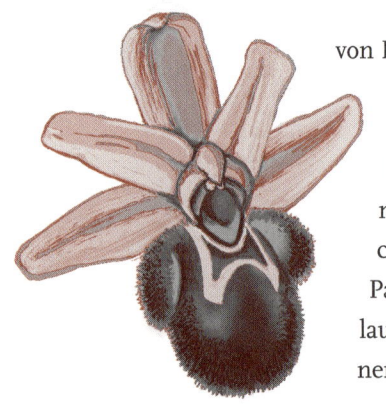

Blüte der Spinnen-ragwurz

von Bienenweibchen – und verströmen darüber hinaus sogar deren typischen Sexuallockstoff. Darauf fliegen die Männchen natürlich, besonders auch deshalb, weil sie selber meist etwas früher schlüpfen als ihre Weibchen. Sie versuchen, mit dem merkwürdigen Partner zu kopulieren und bekommen im Verlauf ihrer Bemühungen von der Orchidee Hörner in Form gestielter Pollenpakete aufgesetzt.

Die Ragwurz-Arten sind samt und sonders solche Sexualtäuschblumen, sprechen aber mit ihren unterschiedlich aussehenden und duftenden Blüten ganz verschiedene Arten von Hautflüglern an. Die Spinnenragwurz zum Beispiel wird überwiegend durch die hierzulande wie sie selbst sehr seltene Sandbienenart *Andrena limata* bestäubt. Sie riecht dem entsprechend nach Sandbienen-Weibchen. Diese allerdings duften nach der erfolgreichen Begattung anders als vorher, eine Botschaft an alle Männchen, sich besser woanders umzutun. Und eben dies tun auch die Orchideen: Unmittelbar nach ihrer Bestäubung verströmen sie einen „Bin-bereits-begattet-Geruch" und werden daraufhin von den Männchen auch nicht mehr angeflogen. Der Vorteil für die Pflanze: Die Bienen wenden sich daraufhin den bisher noch unbestäubten Blüten zu.

Doppelzüngig

Der tödliche Biss der Kreuzotter trifft die Maus völlig unvorhergesehen. Der plötzliche Schmerz lässt sie hochspringen und flüchten. Erst ein paar Meter weiter – weit außerhalb des Blickfelds der Schlange – verkriecht sie sich im Schutz eines Grasbüschels. Wenig später ist sie tot.

Ständig züngelnd gleitet die Kreuzotter jetzt vorwärts. Selbst bei geschlossenem Maul lässt sich die vorne gespaltene Zunge ausfahren. Dafür sorgt eine Einkerbung am Schuppenrand des Oberkiefers. Das Züngeln der Schlange entspricht dem Schnüffeln eines Hundes, der mit gesenktem Kopf eine Spur verfolgt.

Schlangen riechen mithilfe ihrer Zunge. Dabei ist die Zunge nicht selbst Riechorgan, sondern Hilfsmittel. Auf ihrer feuchten Oberfläche lösen sich Duftstoffe. Die „Nase", mit der die Düfte dann wahrgenommen werden, sitzt im Gaumendach (eine echte Nase, mit der sie atmen, haben Schlangen natürlich auch): das paarige „Jacobsonsche Organ", so benannt nach seinem Entdecker, dem dänischen Anatomen Ludwig Levin Jacobson. Es besteht aus zwei kleinen, mit chemischen Sinneszellen ausgekleideten Gruben oder Höhlen, die über zwei Gänge rechts und links mit der Mundhöhle in Verbindung stehen. Und genau an diese Öffnungen hält die Schlange ihre Zungenspitzen.

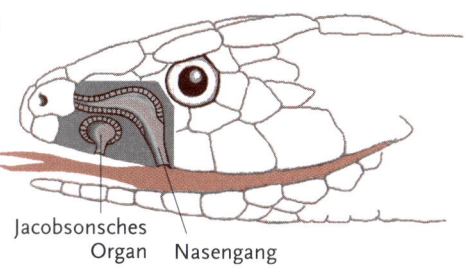

Jacobsonsches Organ   Nasengang

Das Jacobsonsche Organ im Gaumendach einer Schlange

Jetzt wird auch der Vorteil der Doppelzüngigkeit klar. Liegt die tote Maus rechts, lösen sich mehr Mäuseduftmoleküle auf der rechten Zungenspitze, die dann den rechten Zugang des Jacobsonschen Organs bedient. Eindeutige Information für die Schlange: Rechts geht's zum Essen.

Das Jacobsonsche Organ leistet nicht nur Schlangen gute Dienste. Es gehört zur Grundausstattung vieler landlebender Wirbeltiere. Allerdings ist seine Funktion nicht immer offensichtlich. Trotzdem mehren sich die Hinweise, dass dieses chemische Sinnesorgan selbst das Verhalten des Menschen beeinflusst (→ S. 117).

Elektrischer Sinn

Dass man, um Strom festzustellen, keiner eigens dafür gebauten Sinnesorgane bedarf, weiß jeder, der schon näheren Kontakt mit einem elektrischen Weidezaun hatte. Jedoch hält sich die Information, die daraus zu gewinnen ist, in engen Grenzen („nächstes Mal besser aufpassen!"). Allerdings sind Weidezäune wie unsere gesamte Elektrotechnik eine ziemlich neue Errungenschaft.

Die Evolution, die unter anderem Sinnesorgane hervorbringt, „denkt" in anderen Zeitspannen. Und so ist die Frage berechtigt: Gibt es eigentlich eine „natürliche", gewissermaßen organische Elektrizität? Ja, es gibt sie! Und zwar in jedem von uns. Wenn Nerven Muskeln befehlen, sich zu bewegen, ist Elektrizität im Spiel. Die Weiterleitung von Befehlen über Nerven funktioniert elektrisch. Der Körper verwendet dabei zwar sehr niedrige Spannungen (sie liegen im 100-Millivolt-Bereich); sie sind aber durchaus messbar. Jedes EKG (Elektrokardiogramm) oder EEG (Elektroencephalogramm), mit dem medizinische Diagnostiker heutzutage routinemäßig Herz und Hirn abhören, ist nichts anderes als eine Messung und Aufzeichnung solcher Spannungsänderungen.

Wer mehr für Starkstrom übrig hat, findet ihn bei den elektrischen Fischen. Mit diesem Begriff benennt man normalerweise die Hochspannungsfische, die Zitterrochen, den Zitteraal oder den Elektrischen Wels, bei denen ein Teil der Muskulatur zu biologischen Batterien umgebaut ist. Der Zitteraal zum Beispiel heißt nicht umsonst so (sein wissenschaftlicher Name *Electrophorus elec-*

tricus ist noch schöner): Mit seinen bis zu 800 Volt und Stromstärken bis zu einem Ampere bringt er einen tatsächlich ganz schön ins Zittern. Genutzt wird die Hochspannung vor allem zur Betäubung von Beutefischen, die dann bequem eingesammelt werden können. Aber natürlich eignen sich die Elektroschocks auch ganz gut zur Verteidigung.

Weniger spektakulär, aber in unserem Zusammenhang interessanter sind die schwach elektrischen Fische. Sie nutzen die Elektrizität, um Informationen über ihre Umgebung zu gewinnen. Dazu sind natürlich nicht nur Batterien nötig, die Spannung erzeugen und ein elektrisches Feld aufbauen, sondern auch Sinnesorgane, die dieses Feld registrieren und seine Veränderungen auswerten.

Neben den Hochspannungs- und den Niedervoltfischen gibt es schließlich auch Tiere, die selbst zwar nicht unter Spannung stehen, diese aber sehr wohl registrieren können. Sie leben alle im Wasser (das Strom viel besser leitet als Luft) und überwiegend im Salzwasser (das Strom wiederum besser leitet als Süßwasser). Beginnen wir mit einem solchen Beispiel.

Nicht nur bei Haien: Elektrofühler helfen beim Beutefang

Langsam gleitet der Katzenhai über den sandigen Grund. Er ist hungrig, Beute aber nicht in Sicht. Plötzlich aber melden sich seine „Lorenzinischen Ampullen". Der italienische Arzt und Naturforscher Stefano Lorenzini hatte diese Sinnesorgane schon im Jahr 1678 am Torpedorochen entdeckt. Was Rochen und Haie damit machen, wusste er allerdings genauso wenig wie viele Zoologen nach ihm. Noch nicht allzu lange ist bekannt, dass die Fische damit kleinste Spannungsdifferenzen bemerken.

Zitterrochen

Sein elektrischer Sinn erlaubt dem Katzenhai,
den im Sand vergrabenen Plattfisch aufzuspüren.

Der Katzenhai schwimmt näher. Zu sehen ist nichts. Und trotzdem „weiß" der Hai, dass es hier etwas zu holen gibt. Plötzlich macht er eine schnelle Wendung, saugt den Bodensand ab und legt dabei eine Flunder frei, die vorher vollständig von Sand bedeckt war. Die Tarnung war perfekt – bis auf die durch Muskeltätigkeit entstehenden Spannungsschwankungen. Diese lassen sich nicht abstellen; schließlich muss der Fisch atmen. Ein Glück für den Plattfisch, der sich durch Eingraben und angepasste Körperfärbung weitgehend unsichtbar machen kann, dass die Elektrosensoren des Katzenhais nur im Nahbereich von etwa 25 cm arbeiten. Er wäre sonst seines Lebens nirgends mehr sicher.

Das Elektro-Ortungssystem der Haie und Rochen besteht aus zahlreichen Kanälen und Schläuchen, deren porenförmige Öffnungen bei großen Haien beiderseits des Kopfes deutlich sichtbar sind. Die mit Gallerte gefüllten Kanäle funktionieren wie Kabel, die den Strom leiten. Ihre Wände weisen einen auffallend hohen elektrischen Widerstand auf (der Isolierung eines Kabels entsprechend), während das Gel die außen an der Körperoberfläche auftretenden Spannungsunterschiede praktisch ohne Verluste nach innen leitet.

Dort erweitern sich die Kanäle zu den Lorenzinischen Ampullen, den eigentlichen Sinnesorganen. Sie gleichen einer kleinen Traube mit wenigen Beeren, die mit Tausenden von Sinneszellen ausgekleidet sind. Diese Messinstrumente, die den Spannungsunterschied zwischen der Stelle, an der die Pore nach außen mündet und dem Körperinneren erfassen, sind erstaunlich empfindlich: Die Schwelle liegt bei zehn Mikrovolt pro Zentimeter bei im Süßwasser lebenden Tieren, bei nur 0,005 Mikrovolt (oder 5 Nanovolt; 1 Nanovolt ist ein Milliardstel Volt!) bei solchen, die im Salzwasser leben.

Der Rochen *Raja laevis* hat ungefähr 1700 solcher Ampullenorgane; etwa 90 % davon liegen auf der Bauchseite, die dem Untergrund zugewandt ist, wo die Art nach Beute sucht. Besonders konzentrieren sich die Porenöffnungen um Schnauze und Maul.

Plankton filternder Löffelstör

Beim süßwasserbewohnenden Löffelstör *Polyodon spathula*, einem Liebhaber kleiner Planktonlebewesen wie Wasserflöhen, die in den trüben Flüssen, in denen er lebt, kaum zu sehen sind, liegen die Rezeptoren auf dem fast körperlangen Spatel über seinem Maul. Sie sind unglaublich leistungsfähig, gilt es doch, die elektrischen Spannungen im nur millimetergroßen Körper der Kleinkrebse vor einem „Hintergrundrauschen" aus verschiedenen störenden Einflüssen zu bemerken.

Dieses Beispiel führt gleichzeitig auch weg von den Knorpelfischen, zu denen Haie und Rochen zählen. Die Löffelstöre gehören zur kleinen und altertümlichen (weil entwicklungsgeschichtlich bereits früh entstandenen) Gruppe der Störe. Stammesgeschichtlich noch älter und ebenfalls mit Elektrosensoren versehen sind die Neunaugen, Verwandte der allerersten Wirbeltiere, die vor weit über 500 Millionen Jahre entstanden sind.

Auch das „lebende Fossil" *Latimeria*, der berühmte Quastenflosser, ein Fisch, aus dessen Verwandtschaft vermutlich die Landwirbeltiere abstammen, gehört zur Gruppe der Stromfühler. Ganz ungewöhnlich ist die Empfindlichkeit für kleinste Spannungen zumindest unter den Fischen also nicht.

Elektrische Sensibilität kann nicht nur dazu benutzt werden, versteckte Beute aufzuspüren, sondern hilft auch bei der Orientierung. Die Katzenwelse der Gattung *Ictalurus*, nord- und mittelamerikanische Süßwasserfische, haben einen solchen elektrischen Kompass – jedenfalls funktioniert er unter Versuchsbedingungen im Aquarium. Hier steuerte ein Katzenwels seinen Unterschlupf am Rand eines runden Versuchsbeckens, um das die Forscher ein schwaches elektrisches Feld aufgebaut hatten, stets zielsicher an. Wurde das Feld aber umgepolt, suchte der Fisch (vergeblich) sein Versteck auf der anderen Seite des Behälters. Er hatte seine Informationen zur Orientierung also direkt diesem elektrischen Feld entnommen.

So künstlich, wie man auf den ersten Blick vermutet, ist diese Versuchssituation übrigens gar nicht. Auch in der Natur kommen schwache elektrische Felder durch Temperaturdifferenzen oder Unterschiede im Säurehaushalt oder im Ionengehalt häufig vor.

Erst seit kurzem weiß man, dass es auch ganz wenige Nicht-Fische gibt, die eigene Sinnesorgane haben, um Elektrizität wahrzunehmen. Man hat Ampullenorgane bei einigen Lurchen entdeckt, und zwar bei wasserlebenden Salamandern und Larven von mehreren Blindwühlen-Arten. Zu Ersteren gehört etwa der seltsame Axolotl, ein zeitlebens in einigen Merkmalen an eine Larve erinnernder, kiementragender großer Schwanzlurch aus Mexiko, oder der Grottenolm aus den Höhlengewässern des dinarischen Karstgebirges. Und schließlich zählt sogar jemand aus unserer eigenen Verwandtschaft zu den Elektro-Sensibelchen: Das überaus merkwürdige Schnabeltier Ostaustraliens, ein Säugetier, das durch seine Fortpflanzungsbiologie – es legt Eier! – und manche anderen Merkmale ohnehin reich an erstaunlichen Besonderheiten ist, hat in der lederartigen Haut

Grottenolm

seines Entenschnabels Elektrosensoren, freie Nervenendigungen in Schleimdrüsen des Schnabelrands, die bei der Nahrungssuche unter Wasser gute Dienste leisten. Die Wahrnehmungsschwelle liegt bei etwa 50 Mikrovolt pro Zentimeter. Schnabeltiere verlassen sich anscheinend vollständig auf das Elektro- und Tastgefühl ihres Schnabels, denn sie schließen beim Tauchen nicht nur die Nase, sondern auch die Augen.

Schnabeltier

Messerfische und Nilhechte: das „elektrische Auge"

Viel weniger bekannt als die Starkstromfische (→ S. 143) sind einige in trübem Süßwasser lebende Arten, die mithilfe ihrer biologischer Batterien (die aus umkonstruierten Muskeln bestehen) schwache Spannungen erzeugen, die nicht betäuben oder abwehren sollen, sondern Informationen über die Umgebung vermitteln. In trüben Strömen arbeiten Augen schlecht oder gar nicht mehr. Flussdelfine orientieren sich hier mit Ultraschall (→ S. 47), viele andere Arten mit feinen, auf Druckschwankungen im Wasser ansprechenden Ferntastorganen (→ S. 52).

Die Nilhechte und der Großnilhecht aus den Flüssen Afrikas, die südamerikanischen Messerfische und einige andere Fischarten nutzen Strom. Dabei werden Spannungen zwischen mehreren hundert Millivolt und wenigen Volt erzeugt. Durch regelmäßige Entladungen baut das Tier ein schwaches elektrisches Feld um sich auf. Weil jedes Hindernis eine andere Leitfähigkeit als das umgebende Was-

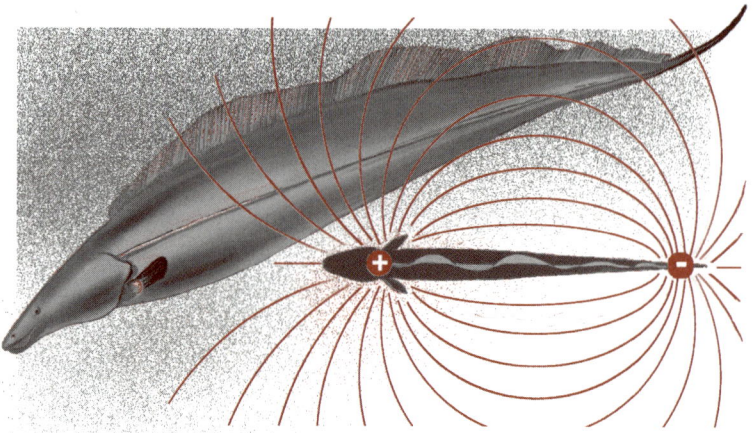

Der Große Nilhecht – eine lebende Batterie

ser hat, wird dieses Feld gestört, wenn Gegenstände hineingeraten, seien sie nun selbst elektrisch geladen oder neutral.

Zahlreiche Spannungsmesser, die im Prinzip ähnlich gebaut sind wie die der im vorigen Kapitel beschriebenen Fische, registrieren solche Veränderungen. Im Gehirn werden sie dann ausgewertet. Ein im Vergleich mit „normalen" Fischen riesiges Kleinhirn sorgt für die nötige Rechenkapazität. Das Ergebnis ist ein „elektrisches Bild" der Umgebung.

Genauer untersucht ist der Große Nilhecht *(Gymnarchus niloticus)*, ein bis über eineinhalb Meter langer, aalförmiger Fisch aus den Sumpfgebieten des Nils, des Tschads und des Nigers. Er lebt einzeln, jagt nächtens andere Fische und Garnelen, betreibt Brutpflege, und kann, wenn Sauerstoff im Wasser knapp wird, mithilfe seiner Schwimmblase auch Luft atmen. Seine Batterien sitzen in der Schwanzregion. Hier liegt der Minuspol des Fisches, am Kopf der Pluspol. Um zu verhindern, dass die Feldlinien durch eigene Bewegungen gestört werden, schwimmen Nilhechte mit stocksteifem Körper. Eine bandartig ausgebildete Rückenflosse sorgt durch wellenförmige Bewegungen für Schwung, wobei die Fische ebenso gut vorwärts wie rückwärts schwimmen können. Die Batterien entladen sich regelmäßig 300 bis 400 mal pro Sekunde.

Der Nilhecht kann nicht nur problemlos zwischen einem gut leitenden Metallstab und einem schlecht leitenden Glasstab unterscheiden, sondern auch erkennen, ob ein Glasstab vier oder sechs Millimeter dick ist. Er kann sogar in geschlossene Keramikgefäße „sehen" und reagiert unterschiedlich, je nachdem, ob sie mit Aquariumswasser, destilliertem Wasser, Luft oder anderen Inhalten gefüllt waren. Dazu müssen die Rezeptoren unglaublich empfindlich sein. Sie sprechen noch auf Spannungsunterschiede von 10^{-8} Volt pro Zentimeter an. (Stellen Sie sich vor, der Pluspol einer ganz gewöhnlichen 1,5-Volt-Batterie befinde sich in Berlin, der Minuspol im 1500 Kilometer entfernten Thessaloniki. Wenn Sie jetzt die Strecke entlangfahren, haben Sie einen Spannungsabfall von einem Volt auf 1000 Kilometer oder von 10^{-8} Volt pro Zentimeter!)

In der Natur werden natürlich keine Glasstäbe identifiziert, sondern Hindernisse vermieden oder Beutetiere geortet. Aber die Fische können mit ihren elektrischen Signalen noch mehr: Sie dienen auch der Tele-Kommunikation. Zwar funktioniert diese nur im Nahbereich im Umkreis von maximal zehn Metern, weil die elektrische Feldstärke mit steigender Entfernung sehr schnell abfällt. Aber das genügt, um Konkurrenten schon im Vorfeld mit Drohentladungen abzuschrecken oder, ganz im Gegenteil, den Kontakt mit einem möglichen Geschlechtspartner durch zarte elektrische Signale anzubahnen (so wie das heutzutage per Handy und SMS geschieht).

In manchen afrikanischen Gewässern leben mehrere Arten schwach elektrischer Fische. Damit es nicht zu Verständigungsproblemen kommt, senden sie mit verschiedenen Frequenzen zwischen fünf und 1800 Entladungen pro Sekunde. Nähert sich ein Fisch der gleichen Art, der dieselben Frequenzen benutzt, wird das eigene Feld leicht abgeändert, um mit dieser „persönlichen Frequenz" keine Missverständnisse aufkommen zu lassen.

Lebende Kompasse – der Magnetsinn

Wenn wir hier ein paar Worte über die Wahrnehmung von Magnetfeldern anschließen, so aus gutem Grund. Man kann einen Großen Nilhecht nämlich „fernsteuern", indem man einen Magneten außen an der Aquarienwand entlangbewegt.

Das verwundert eigentlich nicht weiter: Die Physik lehrt uns, dass ein Strom induziert wird, wenn sich ein elektrischer Leiter (in unserem Fall der Nilhecht) durch ein Magnetfeld bewegt. Und auf die Wahrnehmung solcher schwachen Ströme ist der Nilhecht ja spezialisiert. Könnte er da nicht auch den großen Erdmagneten nutzen, um sich zu orientieren, so wie es, zahlreichen Experimenten zufolge, etwa die Vögel tun (➜ S. 18)?

Für den Stachelrochen, der – wir erinnern uns – zu denjenigen Fischen gehört, die feinste Spannungsunterschiede mit Hilfe ihrer Lorenzinischen Ampullen wahrnehmen können (➜ S. 144), konnte das tatsächlich nachgewiesen werden. Ähnlich wie der Katzenwels im elektrischen Feld in die „falsche" Richtung schwamm, wenn dieses Feld gedreht wurde, orientieren sich auch Stachelrochen vorhersagbar anders, wenn das Magnetfeld, das ihr Aquarium umgibt, gedreht wird. Das wäre nun ein wunderbare Erklärung dafür, wie manche über Tausende von Kilometern wandernde Fische wie der Lachs (➜ S. 123) oder der Aal sich orientieren könnten. Leider sucht man gerade bei ihnen aber vergeblich nach elektrischen Sinnesorganen, die wie beim Stachelrochen die Spannungen messen, die bei der Bewegung durchs Erdmagnetfeld entstehen. Schade! Und so haben wir bisher leider nur wenig Anhaltspunkte, wie sie sich auf ihren langen und oft sehr genau gerichteten Wanderungen orientieren.

Allerdings: Auch bei den Vögeln, die ohne Zweifel über einen Magnetkompass verfügen (➜ S. 18), sucht man bis heute vergeblich nach einem „Magnetsinnesorgan", ebenso wie bei Honigbienen, deren Wabenbau ebenfalls vom Erdmagnetfeld beeinflusst wird.

Bei einer Hornissenart wurde jüngst entdeckt, dass sie ihre mehrstöckigen Papierhäuser möglicherweise mit Hilfe einer „magnetischen Wasserwaage" ins Lot bringt. Im Dach jeder einzelnen Zelle klebt, dem Schlussstein in einem gotischen Gewölbe gleich, ein winziger Kristall. Dessen Zusammensetzung ähnelt dem Eisentitanoxid oder Ilmenit, einem magnetischen Mineral. Damit verfügt jeder Hornissenbau über ein Gitter aus magnetischen Punkten und die Hornissen selbst über eine Möglichkeit, ihre Waben exakt auszurichten – ohne dass wir wissen, ob sie das tatsächlich tun und, wenn ja, wie sie die magnetischen Felder wahrnehmen.

Aber das wissen wir, genau genommen, bisher nur von einem einzigen Organismus, einem im Schlamm lebenden Bakterium mit dem sprechenden Namen *Aquaspirillum magnetotacticum*. Jedes Bakterium enthält eine Kette von Magnetit-Teilchen (Fe_3O_4), die dafür sorgen, dass sich selbst tote Bakterien wie Kompassnadeln ausrichten. Das ist auch ihre Vorzugsrichtung, wenn sie leben: Sie schwimmen am liebsten polwärts und schräg nach unten, also genau parallel zum Verlauf der Feldlinien des Erdmagnetfelds.

Die Suche nach Magnetit oder anderen magnetisierbaren Partikeln in verschiedenen Lebewesen, die auf Magnetfelder ansprechen, war zwar durchaus erfolgreich. Bienen zum Beispiel besitzen im Hinterleib winzige Körperchen aus solchem Material. Bei einigen Lachsarten (nicht bei allen allerdings) wurden solche im Kopf festgestellt und auch bei Brieftauben wurde Magnetit in Geweben des Oberschnabels entdeckt (→ S. 21). Allerdings: Das Vorhandensein solcher Stoffe beweist noch gar nichts. Erst wenn tatsächlich schlüssig gezeigt wird, dass sie auf das Magnetfeld der Erde reagieren und dass diese Reaktion vom Organismus auch gemessen und ausgewertet wird, haben wir den geheimnisvollen Sitz des Magnetkompasses für eine Tierart gefunden. Kandidaten gibt es viele: neben Vögeln, Lachsen und Bienen beispielsweise auch die Meeresschildkröten, den Monarchen (→ S. 25) oder den Grottenolm.

Ein Sinn
für die Zeit

Uhren bestimmen unser tägliches Leben –
ein unnatürlicher Zustand eines geplagten
Opfers des hektischen so genannten „westlichen" Lebensstils? Zu
einem Teil sicher, aber ganz zeitlos lebt der Mensch nirgends.

Versuchshalber freiwillig über Monate in unterirdischen Bunkern ohne Kontakt zur Außenwelt, ohne Radio, Fernsehen oder andere äußere Zeitgeber eingeschlossene Menschen fallen keineswegs dem Chaos anheim. Ihre Aktivitäts- und Ruhephasen pendeln sich gewöhnlich auf einen regelmäßigen Rhythmus ein, der dem äußeren Tagesablauf zwar nicht völlig, aber doch weitgehend entspricht und als circadianer Rhythmus bezeichnet wird (lat. circa = ungefähr; dies = Tag).

Solche Rhythmen werden von einer Inneren Uhr erzeugt oder gesteuert und von äußeren Zeitgebern wie dem Tag-Nacht-Ablauf an die herrschenden Gegebenheiten angepasst; damit wird der von innen vorgegebene, angeborene circadiane Rhythmus mit der Umwelt synchronisiert. Dass es gar nicht so einfach ist, den Zeitsinn zu überlisten und die innere Uhr neu zu stellen, bemerkt jeder, der nach langen Flügen in anderen Zeitzonen nach Osten oder nach Westen unter dem „jetlag" leidet, weil äußere und innere Zeit nicht mehr übereinstimmen.

Innere Uhren können nicht nur ein Tagesschema vorgeben, sondern auch einen ganzen Jahresablauf steuern (circannuale Rhythmen von lat. annus = Jahr). Das hat man zum Beispiel beim

Schwarzkehlchen, einem kleinen Singvogel, getestet. Selbst in den inneren Tropen, wo sich die Umweltbedingungen im Jahresverlauf kaum ändern oder im Labor, wo sie das überhaupt nicht tun, behielten sie ihren Fortpflanzungs- und Federwechselrhythmus über viele Jahre bei.

Biologische Uhren, ein Zeitsinn also, spielen allenthalben eine große Rolle. Wenigstens alle Eukaryoten – das sind Organismen mit Zellkernen und damit die überwiegende Zahl der Lebewesen – dürften eine Innere Uhr besitzen. Die Augen der Pfeilschwänze, seit Jahrmillionen nahezu unveränderte lebende Fossilien, stellen täglich auf Hell- und Dunkelbetrieb um, selbst wenn man die Tiere ein ganzes Jahr im Dunkeln hält. Die individuelle und jeweils mit großer Konstanz durchgehaltene Tageslänge lag dabei zwischen 22,2 und 25,5 Stunden. Viele Plankton-Organismen wandern abends in obere Wasserschichten und steigen morgens wieder ab. Brotschimmel bildet in circadianen Abständen Sporen. Circannuale Rhythmen steuern den Winterschlaf der Murmeltiere ebenso wie die Nahrungsaufnahme von Weinbergschnecken. Und wenn bereits Mitte August die kreischenden Schwärme der Mauersegler nicht mehr durch die Straßenschluchten der Großstädte fegen und dadurch bei dem, der darauf achtet, schon eine etwas wehmütige Vorahnung des Herbstes heraufbeschworen wird, dann hat nicht etwa Nahrungsmangel die Insektenjäger verjagt. Ihr biologischer Wecker hat sie auf die Reise geschickt.

Nicht nur der Fahrplan selber wird von der Inneren Uhr diktiert. Wenn sich Zugvögel mithilfe eines Sonnenkompasses orientieren, geht das ebenfalls nicht ohne einen präzisen Zeitsinn. Denn der Sonnenstand muss mit der Uhrzeit verrechnet werden, um die Südrichtung (oder irgendeine andere Richtung) zu bestimmen (→ S. 17). Auch die Bienen bedienen sich ihrer Inneren Uhr, wenn sie ihren Artgenossinnen tanzend mitteilen, wo Pollen und Nektarquellen liegen (→ S. 89).

Nicht nur in Tieren, sondern zum Beispiel auch in Pflanzenblüten, die sich morgens öffnen und abends schließen, ticken biologische Uhren. Seit man diesem Phänomen auf der Spur ist (also seit den 1920er und 1930er Jahren) wurden unzählige Beispiele für innere Uhren entdeckt und beschrieben, seien sie nun circadian (was fast allgegenwärtig ist) oder circannual (was weniger verbreitet ist). Bei Letzteren dient häufig die Veränderung der Tageslänge als Zeitgeber oder als „Wecker", der bestimmte Ereignisse auslöst.

Wo aber tickt sie, diese Innere Uhr? Wo sitzt der Zeitsinn? Das ist trotz jahrzehntelanger Forschung bis heute nur sehr ungenügend bekannt. Vor allem die Steuerung der circannualen Abläufe bleibt rätselhaft. Bei den Tagesrhythmen ist man etwas weiter: Sie scheinen bei Säugetieren vom Gehirn erzeugt zu werden – für die, die es genauer wissen wollen: von den Nuclei suprachiasmatici des Hypothalamus. Werden sie operativ entfernt, fällt die Innere Uhr aus. Für die Synchronisierung mit dem tatsächlichen Hell-Dunkel-Rhythmus sorgt das Auge, deren Netzhaut direkt mit den Nuclei in Verbindung steht. Bei Vögeln, Reptilien, Amphibien und Fischen spielt eine Hormondrüse des Gehirns, das Pinealorgan, eine entscheidende Rolle. Dieses scheint sowohl Lichtreize direkt aufzunehmen und sie in die Körpersprache der Hormone zu übersetzen als auch darüber hinaus für eine Übereinstimmung der inneren Rhythmen mit den äußeren Bedingungen zu sorgen.

Dass es aber auch ohne Gehirn oder spezialisierte Sinnesorgane geht, beweisen Pilze und Pflanzen ebenso wie viele „niedere" Tiere. Letztlich ist die höchste Instanz die der Gene: Auch die Innere Uhr ist im Erbgut verankert. Erst jüngst gelang es Forschern, ein bestimmtes Gen dingfest zu machen, das bei einer amerikanischen Familie für deren vererbbare Verschiebung des inneren Schlaf-Wach-Rhythmus' mitverantwortlich war. Gute Nachrichten für Morgenmuffel und Langschläfer: Es ist keine Charakterschwäche sondern es sind die Gene, die einen morgens zum Gähnen bringen.

Nur ein kleines Fenster

Wenn zum Schluss dieses Lesebuches eines klar geworden ist, dann das: Wir Menschen können (wie alle Lebewesen) nur einen kleinen Teil der vorhandenen Möglichkeiten nutzen, Informationen über unsere Umwelt zu gewinnen. Manche Dinge können wir besser als die meisten anderen Tiere, andere viel schlechter, und wieder andere sind uns schlicht völlig unzugänglich.

Zu dem, was wir gut können, gehört das Sehen. Aber selbst hier ist es nur ein winziger Teil des Spektrums elektromagnetischer Wellen, den unsere Sinnesorgane aufnehmen und an das Gehirn weitermelden, wo schließlich der Sinneseindruck zustande kommt. Ziemlich schlecht entwickelt ist dagegen zum Beispiel unser Geruchssinn und unser Raumsinn (jedenfalls wenn man ihn mit dem vieler wandernder Tierarten vergleicht). Und gänzlich „blind" sind wir für Sonar, für elektrische Impulse, für magnetische Feldlinien, für polarisiertes Licht und für viele andere Phänomene, die einige Tierarten nutzen können.

Jede Tierart nimmt ihre Umwelt nur durch ein sehr kleines Fenster wahr. Unser Fenster mag größer sein als das einer Qualle, eines Regenwurms oder anderer „niederer" Tiere, aber ich bezweifle, dass so hoch komplex gebaute Formen wie die (anderen) Säugetiere, die Vögel oder viele Insekten weniger Sinneseindrücke sammeln und verwerten als wir.

Eines allerdings können wir, was uns kein Tier nachmacht: Mit Hilfe von technischen Messgeräten erweitern wir unsere Palette an Informationsmöglichkeiten bedeutend. Wir bauen uns künstliche Sinnesorgane, die Unsichtbares, Unhörbares, Unspürbares in Signale übersetzen, die wir verstehen und interpretieren können.

Allerdings: Was wir weder wahrnehmen noch messen können, kann doch existieren. Gestern gab es weder Ultraschall noch Ultraviolett, weder Elektronen noch magnetische Feldlinien. Heute bemühen wir uns mit enormem Aufwand, aus dem steten Strom der von der Sonne kommenden Neutrinos, von denen pro Sekunde rund 30 Milliarden jeden Quadratzentimeter unserer Haut passieren, wenigstens ein paar einzufangen, um sie beschreiben zu können. Und was wird morgen sein?

In vielen Jahrhunderten wissenschaftlicher Arbeit ist es gelungen, durch technische Erweiterungen unserer eigenen Wahrnehmungsfähigkeiten vielen scheinbar unerklärlichen Sinnesleistungen der Tiere auf die Spur zu kommen. Andere blieben ungelöst, bis heute. Denkbar, dass hier Faktoren eine Rolle spielen, von denen wir gegenwärtig noch keine Vorstellung haben. Vielleicht lassen sich auf diese Weise in Zukunft auch Dinge erklären, die Naturwissenschaftler heute noch allzu gerne nicht in der Rubrik „Sinne", sondern unter „Unsinn" abhandeln und bereitwillig ihren milde belächelten Kollegen von der Parapsychologie überlassen.

Woher weiß der Hund, dass sein Herrchen in zehn Minuten unplanmäßig nach Hause kommen wird? Warum bleibt eine Lücke in der Reihe der Schwalbennester unter der Dachtraufe, genau an der Stelle, an der ein Wünschelrutengänger eine unterirdische Wasserader erspürt hat? Jeder von uns kennt zahlreiche solcher Beispiele und die bunten Blätter und Journale stürzen sich mit Vorliebe darauf. Ein weites Feld für Spekulationen und ein guter Grund, diesen fest auf dem Boden der Wissenschaft stehenden Streifzug durch die Sinne an dieser Stelle zu beenden.

Bildquellenverzeichnis

Alle Illustrationen im Buch wurden von Marianne Golte-Bechtle eigens für dieses Buch neu angelegt. Einige Illustrationen begründen sich auf bestimmte Vorlagen, die hier im Einzelnen genannt werden.

STORCHENZUG, S. 15: in Anlehnung an Berthold, P. (2000): Vogelzug. 4. Auflage. Wissenschaftliche Buchgesellschaft, Darmstadt

WIRBELTIEROHR, S. 30; SEITENLINIEN-ORGAN, S. 52; LABYRINTH, S. 67: zum Teil in Anlehnung an Campbell, N.A. (1997): Biologie. Spektrum Akademischer Verlag, Heidelberg, Berlin, Oxford

FACETTENAUGE DER LIBELLE, S. 83; NASENHÖHLE, S. 120: zum Teil in Anlehnung an Bertelsmann Lexikon Verlag (1992): Geheimnisse der Natur. Gütersloh, München

GRUBENORGAN, S. 98: zum Teil nach Schmidt-Nielsen, K. (1979): Animal Physiology. Cambridge University Press

LACHSWANDERUNG, S. 124; MESSER-FISCH, S. 150: in Anlehnung an Waterman, T.H. (1989): Der innere Kompass. Spektrum Akademischer Verlag, Heidelberg

AMEISE MIT ATEMELES-LARVE, S. 136: nach Hölldobler aus Gößwald, K. (1985): Organisation und Leben der Ameisen. Wissenschaftliche Verlagsgesellschaft, Stuttgart

JACOBSONSCHES ORGAN, S. 141: nach Schlüter, A. (1997): Mythos Schlange. Stuttgarter Beiträge zur Naturkunde, Serie C, 41

Wörtliche Zitate aus

FABRE, J. H. (2003): Bilder aus der Insektenwelt. Einmalige Edition der Kosmos-Originalausgaben von 1908 bis 1914. Kosmos-Verlag, Stuttgart

HÖLLDOBLER, B.; WILSON, E.O. (1995): Ameisen. Die Entdeckung einer faszinierenden Welt. Birkhäuser, Basel, Boston, Berlin

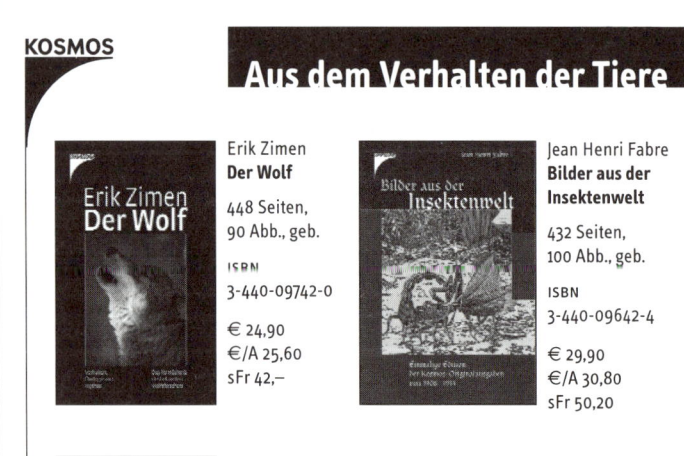